Bibliothèque de Philosophie scientifique

La Physique Moderne

SON ÉVOLUTION

PAR

LUCIEN POINCARÉ

INSPECTEUR GÉNÉRAL DE L'INSTRUCTION PUBLIQUE

Ouvrage couronné par l'Académie des Sciences

PARIS
ERNEST FLAMMARION, ÉDITEUR
26, RUE RACINE, 26

1909

La Physique Moderne

SON ÉVOLUTION

LA PHYSIQUE MODERNE

SON ÉVOLUTION

PRÉFACE

Depuis une dizaine d'années, tant de travaux se sont accumulés dans le domaine de la physique, tant de théories nouvelles ont été émises, que bien des personnes qui suivent cependant avec intérêt les progrès de la science, et même, quelques savants de profession, absorbés par leurs recherches personnelles, se perdent un peu au milieu d'une confusion plus apparente en somme que réelle.

J'ai pensé qu'il ne serait pas inutile d'écrire un livre où je m'efforcerais, tout en évitant d'insister sur les détails purement techniques, de faire connaître, d'une façon aussi précise que possible, les résultats généraux auxquels sont récemment parvenus les physiciens et d'indiquer le sens et la portée qu'il convient d'attribuer aux spéculations sur la constitution de la matière et aux discussions sur la valeur des principes auxquelles il est devenu, en quelque sorte, de mode de se livrer aujourd'hui.

J'ai tâché de ne m'appuyer que sur les expériences auxquelles on peut attribuer le plus de confiance et j'ai cherché surtout à montrer comment se sont formées les idées actuellement dominantes, en suivant leur évolution, en examinant rapidement les transformations successives qui les ont amenées à l'état où nous les voyons à l'heure présente.

Le lecteur n'aura pas besoin pour comprendre le texte d'avoir recours à un traité de physique, j'ai toujours rappelé les définitions nécessaires et exposé les faits fondamentaux ; d'ailleurs, tout en m'attachant à employer des expressions exactes, j'ai évité d'user du langage mathématique : l'algèbre est une langue admirable, mais il est souvent possible de ne s'en servir qu'avec beaucoup de discrétion.

Rien ne serait plus facile que de signaler dans ce petit volume d'assez grandes lacunes ; quelques-unes, au moins, ne sont pas involontaires.

On a laissé de côté certaines questions aujourd'hui encore trop confuses, ou quelques autres qui forment un ensemble important et qui méritent une étude particulière.

Ainsi, en ce qui concerne les phénomènes électriques, on s'est occupé assez longuement des rapports entre l'électricité et l'optique, des théories de l'ionisation, de l'hypothèse des électrons, etc...; mais on n'a pas cru devoir ici s'étendre sur les modes de production et d'utilisation du courant, sur les phénomènes du magnétisme et sur toutes les applications qui appartiennent au domaine de l'électrotechnique. L'étude de ces questions fait l'objet d'un autre volume, *L'Électricité*, publié dans cette même collection.

CHAPITRE PREMIER

L'Évolution de la Physique.

§ 1.

Le public, nombreux aujourd'hui, qui se tient avec quelque compétence au courant du mouvement scientifique, voyant ses habitudes d'esprit chaque jour bouleversées, témoin d'inventions parfois imprévues qui produisent une sensation d'autant plus vive qu'elles ont des répercussions considérables sur les conditions de la vie sociale, est porté à supposer qu'il vit à une époque vraiment exceptionnelle, traversée par des crises profondes et illustrée aussi par des découvertes extraordinaires dont la singularité surpasse tout ce que le passé a pu connaître ; et l'on entend communément répéter que la physique, particulièrement, a, dans ces dernières années, subi une véritable révolution, que tous les principes ont été renouvelés, que tous les édifices construits par nos pères ont été renversés et que, sur le champ ainsi rendu libre, a poussé la moisson la plus abondante qui soit jamais venue enrichir le domaine de la science.

Il est vrai, en effet, que la production devient de plus en plus intense et fructueuse, grâce au développement des laboratoires, le nombre des chercheurs s'est considérablement accru dans tous les pays et la qualité n'a pas diminué ; on soutiendrait un véritable paradoxe et l'on commettrait, en même temps, une criante injustice, si l'on contestait la haute importance des progrès récents et si l'on cherchait à diminuer la gloire des physiciens contemporains. Peut-être convient-il, cependant, de ne pas se laisser aller à des exagérations très explicables d'ailleurs et de se mettre en garde contre des illusions faciles : en regardant de près, l'on s'aperçoit que nos devanciers auraient pu, à plusieurs périodes de l'histoire, aussi légitimement que nous-mêmes, concevoir des sentiments de fierté scientifique semblables aux nôtres et éprouver, eux aussi, la sensation que le monde allait leur apparaître, transformé, sous des aspects jusque-là absolument inconnus.

Prenons un exemple qui se présente naturellement, car pour arbitraire que soit, aux yeux d'un physicien, la division conventionnelle du temps, il paraît indiqué, pour instituer une comparaison entre deux époques, de les choisir, ces époques, s'étendant sur une espace d'une dizaine d'années, et séparées l'une de l'autre par l'intervalle d'un siècle.

Reportons-nous donc à cent ans en arrière et examinons quel pouvait être l'état d'esprit d'un amateur érudit qui lisait et comprenait les principales publications faites sur les recherches physiques entre 1800 et 1810.

Ce spectateur intelligent et attentif assiste, en 1800, à la découverte de la pile par Volta ; il peut dès lors, pressentir qu'une prodigieuse transformation va s'accomplir dans la façon d'envisager les phénomènes électriques ; élevé dans les idées des Coulomb et des Franklin, il avait pu jusque-là s'imaginer que l'électricité était arrivée à dévoiler à peu près tous ses mystères et voilà qu'un dispositif, entièrement original, fait naître immédiatement des applications d'un intérêt primordial et provoque l'éclosion de théories d'une immense portée philosophique.

On retrouve dans les traités de physique, parus un peu plus tard, la trace de l'étonnement produit par cette brusque révélation d'un monde nouveau :

« L'électricité, écrivait l'abbé Haüy, enrichie par les travaux de tant de physiciens distingués, semblait être arrivée au terme où une science n'a plus de pas importants à faire, et ne laisse à ceux qui la cultiveront dans la suite que l'espoir de confirmer les découvertes de leurs prédécesseurs et de répandre un plus grand jour sur les vérités dévoilées. On eût cru que toutes les recherches pour diversifier les résultats de l'expérience étaient épuisées, et que la théorie elle-même ne pouvait plus s'accroître qu'en ajoutant un nouveau degré de précision à des applications de principes déjà connus. Tandis que la science paraissait tendre ainsi vers le repos, les phénomènes des mouvements convulsifs, observés par Galvani dans les muscles d'une grenouille mis en communication avec des métaux, vinrent s'offrir à l'attention et à l'étonnement des physiciens..... Volta, placé au sein de cette même Italie qui avait été le berceau des nouvelles connaissances, découvrit le principe de leur véritable théorie dans un fait qui ramène l'explication de tous les phénomènes au simple contact de deux substances de différentes natures, ce fait est devenu entre ses mains comme le germe de l'admirable appareil auquel sa manière d'être et sa fécondité assignent un des premiers rangs parmi ceux dont le génie de l'homme a enrichi la physique. »

Et, en peu de temps, notre amateur apprendra que Carlisle et Nicholson viennent de décomposer l'eau au moyen de la pile ; puis que Davy, en 1803, a produit, grâce encore à cette même pile, un phénomène tout à fait inattendu et qu'il est parvenu à préparer des métaux doués de propriétés extraordinaires en partant de substances d'un aspect terreux, connues depuis longtemps, mais dont on ignorait la véritable nature.

Dans d'autres ordres d'idées, des surprises aussi prodigieuses attendent encore l'amateur : à partir de 1802, il pourra lire la série admirable de mémoires que publie Young et il apprendra ainsi comment l'étude des phénomènes de diffraction conduit à penser que la théorie des ondulations qui, depuis les travaux de Newton, paraissait irrémédiablement condamnée, reprend au contraire une vie toute nouvelle. Un peu plus tard, en 1808, il assistera à la découverte de la polarisation par réflexion faite par Malus et il pourra constater, sans doute avec stupéfaction, que, dans des conditions déterminées, un rayon de lumière perd la propriété de se réfléchir.

Il entendra, d'autre part, parler d'un certain Rumford qui émet des idées bien singulières sur la nature de la chaleur, qui pense que les notions, classiques alors, pourraient bien être fausses, que le calorique n'existe pas en temps que fluide, et qui, en 1804, démontre même que dela chaleur est créée par le frottement. Quelques années après, il apprendra que Charles énonce sur la dilatation des gaz une loi capitale, que Pierre Prévost, en 1809, fait une étude pleine d'aperçus originaux sur le calorique rayonnant. Entre temps, il n'aura pas négligé de lire les tomes III et IV de la *Mécanique céleste* de Laplace, parus en 1804 et 1805, et il pourra, sans doute, penser que bientôt les mathématiques vont permettre aux sciences physiques de se développer avec une sûreté imprévue.

Tous ces résultats se peuvent sans doute comparer comme importance aux découvertes actuelles; au moment où, par une méthode entièrement neuve, des métaux étranges comme le potassium et le sodium furent isolés, l'étonnement dût être semblable à celui que la magnifique découverte du radium a causé chez nous; la polarisation de la lumière est un phénomène sans doute aussi singulier que l'existence des rayons *X* et le bouleversement produit dans la philosophie naturelle par les théories de la désintégration de la matière et par les idées relatives aux électrons n'est peut-être pas plus considérable que celui que provoquèrent, dans les théories de la lumière et de la chaleur, les travaux des Young et des Rumford.

§ 2.

Si l'on se dégage des contingences, on comprenp qu'en réalité la science physique procède dans ses progrès par évolution plutôt que par révolution; sa marche est continue, les faits que font découvrir les théories subsistent et continuent à s'enchaîner les uns aux autres, alors que ces théories ont depuis longtemps disparues; avec les matériaux des anciens édifices, aujourd'hui écroulés, on reconstruit constamment de nouvelles demeures.

Les travaux de nos devanciers ne périssent jamais tout entiers; les idées d'hier préparent celles de demain, elles les renferment pour ainsi dire en puissance; la science est en quelque sorte un organisme vivant qui donne naissance à une série indéfinie d'êtres nouveaux venant prendre la place des anciens, et qui évolue suivant la nature du milieu, s'adaptant aux conditions extérieures, réparant les blessures que le contact avec la réalité a pu produire à chaque pas.

Parfois cette évolution est rapide, parfois assez lente, elle obéit aux lois ordinaires : les besoins imposés par le milieu créent dans la science certains organes; les problèmes que posent au physicien l'ingénieur désireux de faciliter les moyens de transport ou de produire des éclairements plus intenses; ou le médecin qui cherche à savoir comment agit tel ou tel remède; ou bien encore le physiologiste qui voudrait comprendre le mécanisme des échanges gazeux et liquides entre la cellule et le milieu extérieur, font naître des chapitres nouveaux dans la physique et suggèrent des recherches adaptées aux nécessités de la vie actuelle.

Les diverses parties de la physique n'évoluent pas d'ailleurs avec une même vitesse parce qu'elles ne se trouvent pas placées dans des conditions pareillement favorables; parfois, une série de problèmes paraît oubliée, elles ne vivent plus, ces questions délaissées, que d'une vie ralentie, puis, tout d'un coup, quelque circonstance accidentelle les vient réveiller; brusquement elles deviennent l'objet de travaux multiples, elles accaparent l'attention publique, elles envahissent presque tout le domaine de la science.

Nous avons, de nos jours, assisté à un tel spectacle : la découverte des rayons *X*, découverte que les physiciens considèrent sans doute comme l'aboutissement logique de recherches depuis longtemps poursuivies par quelques savants qui travaillaient dans le silence et l'obscurité un sujet très négligé d'ailleurs par le plus grand nombre, a semblé, aux yeux du public, ouvrir une ère nouvelle dans l'histoire de la physique. Et si, à vrai dire, l'extraordinaire mouvement scientifique provoqué par la sensationnelle expérience de Röntgen a des origines très lointaines, il a du moins, ce mouvement, été singulièrement accéléré par les conditions favorables que créa l'intérêt provoqué par les étonnantes applications à la radiographie. Un heureux hasard hâta une évolution qui se faisait lentement, et des théories, déjà antérieurement esquissées, prirent un singulier développement; sans vouloir trop sacrifier à ce que l'on peut considérer comme un caprice de la mode, on ne pourra, si l'on veut marquer dans ce livre, le stade actuellement atteint dans la marche continue de la physique, ne pas donner aux questions suggérées par l'étude des radiations nouvelles une place nettement prépondérante ; à l'heure où nous sommes, ces questions sont celles qui passionnent le plus, ce sont elles qui ont fait apercevoir des horizons inconnus et vers ces contrées récemment ouvertes à l'activité scientifique, la foule, chaque jour croissante, des chercheurs se précipite un peu en désordre.

§ 3.

L'une des conséquences les plus plus intéressantes des découvertes récentes a été de remettre en honneur chez les savants les spéculations relatives à la constitution de la matière et, d'une manière plus générale, les problèmes métaphysiques. Sans doute la philosophie n'a jamais été séparée complètement de la science, mais beaucoup de physiciens se désintéressaient naguère d'études qu'ils envisageaient comme des querelles de mots étrangères à la réalité et, non sans raison parfois, ils s'abstenaient de prendre part à des discussions qui leur paraissaient assez oiseuses et d'une subtilité quelque peu puérile. Ils avaient vu sombrer la plupart des systèmes construits *a priori* par d'audacieux philosophes et ils jugeaient plus prudent d'écouter le conseil que leur donnait Kirchhoff et de « substituer la description des faits à la prétendue explication de la nature ».

Il convient cependant de remarquer que ces physiciens se faisaient quelques illusions sur la valeur de leur prudence et que la méfiance qu'ils manifestaient à l'égard des spéculations philosophiques ne les empêchait pas cependant d'admettre, à leur insu, certains axiomes qu'ils ne discutaient point et qui sont, à proprement parler, des concepts métaphysiques ; ils parlaient inconsciemment une langue qui leur avait été apprise par leurs devanciers, mais dont ils ne recherchaient pas l'origine. C'est ainsi que l'on considérait volontiers, comme une chose évidente, que la physique devait un jour nécessairement rentrer dans le domaine de la mécanique, et ce faisant, l'on postulait que tout dans la nature se ramène au mouvement, et l'on admettait, en outre, les principes de la mécanique classique, sans en discuter la légitimité.

Cet état d'esprit fut même, dans ces dernières années, celui des plus illustres physiciens ; il se manifeste, en toute sincérité et sans aucune réserve, dans tous les livres classiques consacrés à la physique.

Un professeur illustre qui a eu la plus grande et la plus heureuse influence sur la formation intellectuelle de toute une génération de savants et dont les ouvrages sont, aujourd'hui encore, bien souvent consultés, Verdet, écrivait : « Le vrai problème du physicien est toujours de ramener les phénomènes à celui qui nous paraît le plus simple et le plus clair, le mouvement. » Dans son cours célèbre professé à l'École Polytechnique, Jamin dit, lui aussi : « La Physique sera un jour un chapitre de la mécanique générale », et dans la préface de son excellent cours de physique, M. Violle, en 1884, s'exprime ainsi : « La Science de la nature tend vers la mécanique par une évolution nécessaire, le physicien ne pouvant établir de théories solides que sur les lois du mouvement ».

On retrouve encore la même idée exprimée par M. Cornu, en 1896 : « La tendance générale, affirmet-il, doit être de montrer comment les faits observés, les phénomènes mesurés, réunis d'abord par des lois empiriques, finissent sous l'impulsion des progrès successifs par rentrer dans les lois générales de la mécanique rationnelle », et le même physicien montrait clairement que, dans sa pensée, ce rattachement des phénomènes à la mécanique avait une raison profonde et philosophique ; dans le beau discours qu'il prononçait lors de la séance générale d'ouverture du Congrès de physique en 1900, il s'écriait : « L'esprit de Descartes plane sur la physique moderne, que dis-je ? il en est le flambeau ; plus nous pénétrons dans la connaissance des phénomènes naturels, plus se développe et se précise l'audacieuse conception cartésienne relative au mécanisme de l'Univers. Il n'y a dans le monde physique que de la matière et du mouvement ».

Si l'on adopte cette conception, on est conduit à construire des représentations mécaniques du monde matériel et à imaginer des mouvements des différentes parties des corps capables de reproduire toutes les manifestations de la nature ; la connaissance cinématique de ces mouvements, c'est-à-dire la détermination de la position, de la vitesse et de l'accélération à un moment donné de toutes les parties du système, ou bien, au contraire, l'étude dynamique permettant de savoir quelles sont les actions que ces parties exercent les unes sur les autres, suffirait alors pour prévoir tout ce qui doit se passer dans le domaine de la nature.

Ce fut la grande pensée nettement exprimée par les encyclopédistes du dix-huitième siècle et si la nécessité d'interpréter les phénomènes électriques ou lumineux entraîna les physiciens du siècle dernier à imaginer des fluides particuliers qui semblaient n'obéir qu'assez difficilement aux règles ordinaires de la mécanique, ils continuèrent cependant, ces physiciens, à conserver leur espoir dans l'avenir et à envisager l'idée de Descartes comme un idéal qui serait un jour atteint.

Devançant l'expérience, poussant les choses à l'extrême, quelques savants et particulièrement ceux de l'école anglaise, se plaisaient à proposer des modèles mécaniques fort curieux, images souvent bien étranges de la réalité. Le plus illustre d'entre eux, lord Kelvin, peut être considéré comme le type représentatif de ces savants; il a dit lui-même : « Il me semble que le vrai sens de la question : comprenons-nous ou ne comprenons-nous pas un sujet particulier en physique est : Pouvons-nous faire un modèle mécanique correspondant ? Je ne suis jamais satisfait tant que je n'ai pu faire un modèle mécanique de l'objet, si je puis faire un modèle mécanique, je comprends; tant que je ne puis faire un modèle mécanique, je ne comprends pas ».

Il faut convenir cependant que quelques-uns des modèles ainsi imaginés atteignaient une complication extrême et cette complication ne laissait pas depuis longtemps que de décourager les imaginations peu audacieuses. En outre, lorsqu'il s'agissait de pénétrer dans le mécanisme des molécules, lorsque l'on ne se contentait plus d'envisager la matière prise en masse, les solutions mécaniques apparaissaient comme indéterminées et la stabilité des édifices ainsi construits était insuffisamment démontrée.

§ 4.

Aussi bien, retournant au point de départ, beaucoup de physiciens contemporains veulent soumettre à la critique l'idée cartésienne. Du point de vue philosophique, ils examinent d'abord s'il est bien démontré qu'il n'y a rien d'autre dans le connaissable que la matière et le mouvement. Ils se demandent si ce n'est pas surtout l'habitude et la tradition qui nous font rapporter l'origine des phénomènes à la mécanique ; peut-être aussi une question de sens intervient-elle ici : nos sens qui sont, après tout, les seules fenêtres ouvertes vers la réalité extérieure, nous donnent surtout une vue d'un côté du monde ; nous ne connaissons évidemment l'univers que par les rapports qui existent entre lui et notre organisme, et cet organisme est particulièrement sensible au mouvement.

Mais rien ne prouve que les acquisitions, les plus anciennes dans l'ordre historique, doivent, dans le développement de la science, rester à la base de nos connaissances, rien ne prouve non plus que nos perceptions soient une indication bien exacte de la réalité ; et beaucoup de raisons peuvent au contraire être invoquées qui tendent à faire envisager qu'il existe dans la nature des phénomènes qui ne sauraient se réduire à des mouvements.

La mécanique, telle qu'on la conçoit d'ordinaire, est l'étude de phénomènes réversibles ; vient-on à donner au paramètre qui représente le temps, et qui a pris des valeurs croissantes pendant la durée du phénomène, des valeurs décroissantes qui le fassent revenir en sens inverse, tout le système repassera exactement par les états qu'il a traversés et tous les phénomènes se dérouleront à rebours. En physique, la règle contraire apparaît comme très générale, la réversibilité n'existe pas, c'est un cas limite idéal, dont on peut s'approcher parfois mais qui ne saurait jamais se rencontrer en toute rigueur; aucun phénomène physique ne recommence d'une manière identique si l'on vient à en changer le sens. Il est vrai que certains mathématiciens laissent pressentir que l'on pourrait imaginer une mécanique où le réversible ne serait plus obligatoirement la règle, mais les tentatives hardies, faites dans cette voie, ne sont pas entièrement satisfaisantes.

Il est, d'autre part, établi que si l'on pouvait donner une explication mécanique d'un phénomène, on en pourrait trouver une infinité d'autres qui rendraient également compte de toutes les particularités révélées par l'expérience ; mais, en fait, on n'a jamais réussi à donner de tout le monde physique une représentation mécanique indiscutable. Alors même que l'on serait disposé à admettre les solutions les plus étranges du problème, que l'on consentirait, par exemple, à se contenter des systèmes cachés imaginés par Helmholtz, où l'on doit diviser les variables en deux classes, les unes accessibles, les autres au contraire inconnues et devant rester telles, on ne parvient jamais à construire un édifice qui puisse contenir tous les faits connus. Même la mécanique, si compréhensive pourtant d'un Hertz, échoue là où n'a pu aboutir la mécanique classique.

Jugeant cet échec irrémédiable, beaucoup de

physiciens contemporains renoncent à poursuivre des tentatives qu'ils considèrent comme condamnées d'avance et ils adoptent, pour les guider dans leurs recherches, une méthode qui, tout d'abord, apparaît comme bien plus modeste mais aussi comme bien plus sûre; ils se résolvent à ne pas voir immédiatement le fond des choses, ils ne cherchent plus à enlever brusquement ses derniers voiles à la nature, à deviner ses suprêmes secrets, ils opèrent avec prudence, ils n'avancent que lentement et sur un terrain, ainsi conquis pied à pied, ils cherchent à solidement s'établir. Ils étudient les diverses grandeurs qui sont directement accessibles à leurs observations, sans se préoccuper de leur essence ; ils mesurent des quantités de chaleurs, des températures, des différences de potentiel, des courants, des champs magnétiques, puis, variant les conditions, appliquant les règles de la méthode expérimentale, ils découvrent entre ces grandeurs des relations mutuelles et ils arrivent ainsi à énoncer des lois qui traduisent et résument leurs travaux.

Mais ces lois empiriques elles-mêmes amènent par induction à énoncer quelques lois plus générales que l'on appelle des principes ; ces principes ne sont, par leur origine, que des résultats d'expériences, et l'expérience permet d'ailleurs de les contrôler, de vérifier leur degré plus ou moins élevé de généralité ; lorsqu'ils auront été ainsi définitivement établis, ils pourront servir de nouveau point de départ et, par voie déductive, ils conduiront à des découvertes très variées.

Ces principes, qui dominent les sciences physiques, sont peu nombreux ; leur forme très générale leur donne une apparence philosophique et l'on ne résiste pas longtemps à la tentation de les envisager comme des dogmes métaphysiques. Il arrive ainsi que les physiciens les moins audacieux, ceux qui avaient voulu se montrer les plus réservés, se laissent entraîner à oublier, eux aussi, le caractère expérimental des lois qu'ils ont eux-mêmes posées et voient dans ces lois des êtres impérieux dont l'autorité, placée au-dessus de toute vérification, ne saurait plus être soumise à la discussion.

D'autres, au contraire, poussent la prudence jusqu'à la timidité : ils veulent, d'une façon fâcheuse, limiter le champ des investigations et ils assignent à la science un domaine par trop restreint ; ils se contentent de représenter les phénomènes par des équations, ils pensent qu'ils doivent soumettre au calcul les grandeurs déterminées expérimentalement sans se demander si ces calculs conservent un sens physique et ils sont ainsi amenés à reconstruire une physique où reparaît l'idée de qualité, entendue non sans doute au sens scholastique, puisque, de cette qualité, on peut raisonner avec quelque précision, en la figurant par des symboles numériques, mais constituant néanmoins un élément de différentiation et d'hétérogénéité.

5.

Malgré les erreurs où elles peuvent entraîner lorsqu'on les pousse à l'excès, ces doctrines rendent, dans l'ensemble, les unes et les autres, les plus grands services.

Il n'est pas mauvais d'ailleurs que subsistent ainsi des tendances contradictoires, cette variété dans la conception des phénomènes donne à la science actuelle un caractère de vie intense, de véritable jeunesse capable d'efforts passionnés vers la vérité. Les spectateurs qui voient se dérouler devant eux des tableaux si mouvants et si variés éprouvent le sentiment qu'il n'existe plus de ces systèmes figés dans une immobilité qui évoque l'idée de la mort, ils sentent que rien n'est immuable, que des transformations incessantes s'opèrent devant leurs yeux et que cette évolution continue, ce perpétuel changement sont les conditions nécessaires du progrès.

Un grand nombre de chercheurs se montrent d'ailleurs, pour leur propre compte, parfaitement éclectiques, ils adoptent, suivant les besoins, telle ou telle manière d'envisager la nature, et ils n'hésitent pas à utiliser des images très diverses lorsqu'elles leur paraissent utiles et commodes.

Et, sans doute, ils n'ont pas tort puisqu'aussi bien ces images ne sont que des symboles commodes pour le langage, permettant de grouper et d'associer les faits, mais ne présentant avec la réalité objective qu'une ressemblance assez éloignée, il n'est pas interdit de les multiplier et de les modifier suivant les circonstances.

L'essentiel est d'avoir, pour se guider dans l'inconnu, une carte qui n'a certes pas la prétention de représenter tous les aspects de la nature, mais qui, dressée suivant une règle déterminée, permettra de suivre un chemin assuré dans le voyage éternel vers la vérité.

Parmi les théories provisoires que construisent

ainsi volontiers sur leur route les savants, édifices bâtis un peu à la hâte pour recevoir une moisson imprévue, certaines paraissent encore bien hardies et bien singulières.

Renonçant à chercher des modèles mécaniques pour tous les phénomènes électriques, certains physiciens renversent en quelque sorte les conditions du problème ; ils se demandent si, au lieu de donner une interprétation mécanique de l'électricité, ils ne pourraient au contraire donner une interprétation électrique des phénomènes de la matière et du mouvement et faire ainsi rentrer la mécanique elle-même dans l'électricité. L'on voit poindre ainsi un renouveau dans l'éternel espoir de coordonner dans une grandiose et imposante synthèse tous les phénomènes naturels.

Quel que soit le sort réservé à de pareilles tentatives, elles méritent, au plus haut point, l'attention, et il convient de les examiner soigneusement si l'on veut se faire une idée exacte des tendances de la physique moderne.

CHAPITRE II

Les Mesures.

§ 1. — LA MÉTROLOGIE

Il n'y a pas très longtemps encore, le savant se contentait souvent d'observations qualitatives; beaucoup de phénomènes étaient étudiés sans que l'on s'attachât à effectuer de véritables mesures; on a de mieux en mieux compris que si l'on veut établir les relations qui existent entre les grandeurs physiques, si l'on veut représenter les variations de ces grandeurs par des fonctions permettant d'utiliser la puissance de l'analyse mathématique, il est de toute nécessité d'exprimer chaque grandeur par un nombre défini.

Dans ces conditions seulement une grandeur peut valablement être considérée comme connue : « Je dis souvent, a écrit lord Kelvin, que si vous pouvez mesurer ce dont vous parlez et l'exprimer par un nombre, vous savez quelque chose de votre sujet, mais si vous ne pouvez pas le mesurer, si vous ne pouvez pas l'exprimer en nombre, vos connaissances sont d'une pauvre espèce et bien peu satisfaisantes; ce peut être le commencement de la connaissance, mais vous êtes à peine, dans vos pensées, avancés vers la science, quel qu'en puisse être le sujet. »

L'on est parvenu à mesurer exactement les éléments qui interviennent dans presque tous les phénomènes physiques, et ces mesures se font avec une précision toujours croissante; chaque fois qu'un chapitre de la science progresse, la science se montre plus exigeante pour elle-même, elle perfectionne ses moyens d'investigation, elle réclame une exactitude de plus en plus grande, et l'un des caractères les plus saillants de la physique actuelle est ce souci constant de la rigueur et de la netteté dans l'expérimentation.

Il s'est constitué une véritable science des mesures qui s'étend sur toutes les parties du domaine physique; cette science a ses règles, ses méthodes; elle indique les meilleurs procédés de calcul, elle enseigne la façon d'évaluer correctement les erreurs et d'en tenir compte. Elle a perfectionné les procédés expérimentaux, coordonné un grand nombre de résultats, et permis l'unification des étalons; c'est grâce à elle que s'est constitué le système de mesures adopté par l'unanimité des physiciens.

On désigne plus particulièrement, aujourd'hui, sous le nom de métrologie, la partie de la science des mesures qui s'applique spécialement aux déterminations des prototypes représentatifs des unités fondamentales de dimension et de masse, et des étalons de premier ordre qui en dérivent.

Si toutes les quantités mesurables pouvaient, comme on l'a cru longtemps, se réduire à des grandeurs mécaniques, la métrologie s'occuperait ainsi des éléments essentiels qui interviennent dans tous les phénomènes et pourrait réclamer légitimement le premier rang dans la science ; mais, alors même qu'on supposerait que quelques grandeurs ne pourront jamais être rattachées à la masse, à la longueur et au temps, elle conserve néanmoins une place prépondérante, et ses progrès retentissent dans tout le domaine de sciences de la nature.

Aussi, convient-il pour se rendre compte de la marche générale de la physique, d'examiner tout d'abord quels perfectionnements ont été apportés à ces mesures fondamentales et de voir quelle précision ces perfectionnements ont permis d'atteindre.

§ 2. — LA MESURE DES LONGUEURS

Mesurer une longueur, c'est la comparer à une autre longueur que l'on prend pour unité ; la mesure est donc une opération relative, elle ne saurait nous faire connaître qu'un rapport. Si la longueur à mesurer et l'unité choisie venaient, toutes deux, à varier simultanément et dans le même rapport, nous ne nous apercevrions d'aucun changement ; d'ailleurs l'unité étant, par définition, le terme de comparaison et ne pouvant elle-même être comparée à rien, nous n'avons, en théorie, aucun moyen de savoir si sa longueur varie.

Et cependant, si nous constations que, brusquement et dans les mêmes proportions, la distance entre deux points de la terre s'est accrue, que toutes les planètes se sont éloignées les unes des autres, que tous les objets qui nous entourent se sont agrandis, que notre propre taille a augmenté, que le chemin parcouru par la lumière pendant la durée d'une vibration est devenu plus grand, nous n'hésiterions pas à penser que nous sommes victimes d'une illusion, qu'en réalité toutes ces longueurs sont restées fixes et que toutes ces apparences sont dues à un raccourcissement de la règle qui nous sert d'étalon dans la mesure des longueurs.

Du point de vue mathématique, on peut considérer que les deux hypothèses sont équivalentes : tout s'est allongé autour de nous, ou bien notre étalon est devenu plus petit. Mais ce n'est pas une simple question de commodité et de simplicité qui nous porte à rejeter l'une et à accepter l'autre ; on a raison d'écouter ici la voix du bon sens et les physiciens qui ont une instinctive confiance dans la notion de longueur absolue n'ont peut-être pas tort. Ce n'est qu'en choisissant notre unité parmi celles qui, de tout temps, ont semblé, à tous les hommes, les plus invariables que nous pourrons, dans nos expériences, constater que les mêmes causes, agissant dans des conditions identiques, produisent toujours les mêmes effets ; l'idée de longueur absolue dérive du principe de causalité ; notre choix est commandé par la nécessité d'obéir à ce principe que nous ne pouvons rejeter sans déclarer, par là même, que toute science est impossible.

De semblables remarques pourraient être faites au sujet de la notion de temps absolu, de mouvement absolu ; elles ont été mises en évidence et exposées avec beaucoup de force par un savant et profond mathématicien, M. Painlevé.

Sur l'exemple particulièrement clair de la mesure des longueurs, il est intéressant de suivre l'évolution des méthodes et de parcourir rapidement l'histoire des progrès de la précision depuis que l'on possède, à cet égard, des documents authentiques.

Cette histoire a été tracée de main de maître par l'un des physiciens qui ont, de nos jours, le plus contribué à y ajouter des pages glorieuses par leurs travaux personnels. M. Benoit, le savant Directeur du bureau international des poids et mesures, a fourni sur le sujet, dans divers rapports, des renseignements très complets ; nous lui empruntons ici les plus intéressants.

On sait qu'en France l'étalon fondamental pour les mesures de longueur fut pendant longtemps la *Toise du Châtelet*, sorte de compas d'épaisseur, formé par une barre de fer qui fut scellée en 1668 dans le mur extérieur du Châtelet, au pied de l'escalier ; cette barre était terminée par deux saillies en retour d'équerre, et toutes les toises du commerce devaient entrer exactement entre ces saillies.

Un tel étalon, construit grossièrement, exposé à toutes les détériorations et à toutes les intempéries, subissant sans défense les injures du temps, abîmé forcément par les usages auxquels il servait, ne présentait que de bien médiocres garanties au point de vue de sa permanence aussi bien qu'au point de vue de l'exactitude de ses copies. Rien peut-être ne peut mieux faire comprendre combien sont profondes les modifications apportées aux méthodes de la physique expérimentale que la comparaison, facile à faire, entre un procédé aussi rudimentaire et les déterminations actuelles.

Cette toise du Châtelet, malgré ses défauts évidents, servit pourtant pendant près de cent ans; c'est en 1766 qu'elle fut remplacée par la *Toise du Pérou*, ainsi nommée parce qu'elle avait servi aux mesures d'arc terrestre effectuées de 1735 à 1739 au Pérou par Bouguer, La Condamine et Godin.

A ce moment, d'après les comparaisons faites entre cette nouvelle toise et la *Toise du Nord*, utilisée, elle aussi, pour la mesure d'un arc de méridien, on considérait comme tout à fait négligeable une erreur d'un dixième de millimètre dans la mesure d'une longueur de l'ordre du mètre.

A la fin du XVIIIe siècle, Delambre, dans son ouvrage « Sur la Base du Système métrique décimal » laisse clairement entendre que des grandeurs de l'ordre du centième de millimètre lui paraissent inaccessibles aux observations, même dans les recherches scientifiques de la plus haute précision.

Aujourd'hui le bureau international garantit, dans la détermination d'un étalon de longueur comparé au mètre, une approximation de deux ou trois dix millièmes de millimètres et même un peu plus dans certaines conditions!

Ce progrès si remarquable est dû aux perfectionnements apportés d'une part à la méthode de comparaison, d'autre part à la fabrication de l'étalon. M. Benoit fait remarquer avec raison qu'il s'est établi entre l'étalon destiné à représenter l'unité ainsi que ses subdivisions et ses multiples et l'instrument destiné à l'observer, une sorte de lutte, jusqu'à un certain point comparable à celle qui, dans un autre ordre d'idées, se produit entre le canon et la cuirasse.

L'instrument de mesure est aujourd'hui un comparateur construit avec des soins méticuleux qui permettent de faire disparaître des causes d'erreurs auparavant négligées, d'éliminer l'action des phénomènes extérieurs, de soustraire l'expérience à l'influence même de la personnalité de l'observateur.

L'étalon n'est plus, comme autrefois, une règle plate, faible et fragile, mais une barre rigide, indéformable, où la matière est utilisée dans les meilleures conditions de résistance ; à l'étalon à bouts s'est substitué l'étalon à traits qui permet une définition beaucoup plus précise et que l'on peut employer en utilisant seulement des procédés d'observation optiques, c'est-à-dire des procédés qui ne peuvent produire sur lui aucune déformamation, aucune altération ; les traits sont d'ailleurs tracés sur le plan des fibres neutres mis à découvert, et l'invariabilité de leur distance est ainsi fort bien assurée alors même que l'on viendrait à changer la façon dont la règle est supportée.

C'est grâce à une étude ainsi très systématiquement poursuivie que l'on est parvenu à accroître en cent ans la précision des mesures dans la proportion de mille à un ; on peut se demander si dans l'avenir un pareil accroissement continuera à se produire.

Sans doute le progrès ne s'arrêtera pas, mais si l'on s'en tient à la définition d'une longueur par un étalon matériel, il semble bien que la précision ne pourra plus être considérablement augmentée, on est presque arrivé à la limite qu'impose la nécessité de tracer un trait doué de quelque épaisseur, pour qu'on puisse l'observer au microscope.

Il se pourrait cependant que l'on fût amené, quelque jour, à une nouvelle conception de la mesure d'une longueur et que l'on imaginât des procédés de détermination très différents. Si l'on prenait, par exemple, comme unité le chemin parcouru par une radiation déterminée pendant la durée d'une vibration, les procédés optiques permettraient immédiatement une précision beaucoup plus grande.

Fizeau, la premier, eut cette idée : « Un rayon de lumière, dit-il, avec ses séries d'ondulations d'une ténuité extrême mais parfaitement régulières, peut être considéré comme un micromètre de la plus grande perfection, particulièrement propre à déterminer des longueurs » ; mais dans l'état actuel des choses, la définition légale et habituelle de l'unité restant un étalon matériel, il ne suffit pas aujourd'hui de mesurer une longueur en fonction des longueurs d'onde, il faut encore connaître la valeur de ces longueurs d'onde en fonction de l'étalon prototype du mètre.

C'est ce qu'ont fait, en 1894, dans un travail qui restera classique, M. Michelson et M. Benoit, ces deux physiciens ont mesuré une longueur étalon de 10 centimètres environ, d'abord en fonction des longueurs d'onde de trois radiations rouge verte et bleue du cadmium, puis en fonction de l'étalon métrique.

La grande difficulté de l'expérience vient de la grande différence qui existe entre les longueurs à comparer, les longueurs d'onde atteignant à peine la moitié d'un micron ; le procédé employé consiste à observer, au lieu de cette longueur, une longueur rendue facilement un millier de fois plus grande, à savoir la distance entre des franges d'interférences.

Dans toute mesure, c'est-à-dire dans toute détermination du rapport d'une grandeur à l'unité, il faut déterminer d'une part la partie entière de ce rapport, d'autre part la partie fractionnaire, et naturellement, la détermination la plus délicate est généralement celle de cette partie fractionnaire. Dans ces procédés optiques, la difficulté est renversée : là partie fractionnaire est facilement connue, tandis que la valeur si élevée du nombre qui représente la partie entière devient un obstacle très sérieux ; c'est cet obstacle qu'ont surmonté MM. Michelson et Benoit avec une ingéniosité admirable.

Dans un ordre d'idée très analogue, M. Macé de Lépinay, MM. Perot et Fabry ont, durant ces dernières années, effectué, par des méthodes optiques remarquables, des mesures de la plus haute précision, et, sans doute, de nouveaux progrès pourraient encore être accomplis. Il viendra peut-être un jour où l'on devra renoncer à un étalon matériel, peut-être même pourra-t-on s'apercevoir qu'un tel étalon change de longueur avec le temps par suite du travail moléculaire et par suite de l'usure, et finira-t-on par constater qu'il n'est pas invariable quand on l'oriente différemment, conformément à ce que voudraient certaines théories dont il sera parlé plus loin.

Mais, pour le moment, le besoin de changer la

définition de l'unité ne se fait aucunement sentir; il faut, au contraire, souhaiter que l'emploi de l'unité adoptée par les physiciens du monde entier se répande de plus en plus. Il convient de remarquer que quelques erreurs se produisent encore au sujet de cette unité; ces erreurs ont été facilitées par l'incohérence des législations ; la France elle-même, qui fut cependant l'admirable initiatrice du système métrique, a laissé trop longtemps subsister une très regrettable confusion et l'on ne constate pas, sans une certaine tristesse, qu'il a fallu arriver jusqu'au *11 juillet 1903*, pour voir enfin promulguer une loi qui rétablit l'accord entre la définition légale du mètre et sa définition scientifique !

Peut-être n'est-il pas inutile d'indiquer brièvement ici les raisons du désaccord qui s'était établi.

On peut donner, et l'on donnait en fait, du mètre deux définitions : l'une avait pour base les dimensions de la terre, l'autre la longueur d'un étalon matériel. Dans la pensée des fondateurs du système métrique, la première était la véritable définition de l'unité de longueur ; la seconde en était une simple représentation. On admettait d'ailleurs que cette représentation avait été construite d'une manière assez parfaite pour qu'il fût toujours à peu près impossible d'apercevoir une différence entre l'unité et sa représentation et pour que fût ainsi assurée l'identité pratique des deux définitions. Les créateurs du système métrique étaient persuadés que les mesures du méridien faites de leur temps ne sauraient jamais être surpassées en précision et, d'autre part, en empruntant à la nature une base définie, ils croyaient enlever à la définition de l'unité un peu de son caractère arbitraire et assurer un moyen de retrouver identique cette unité si, par suite de quelque accident, l'étalon venait à être altéré.

Leur confiance en la valeur des procédés qu'ils avaient vu employer était exagérée et leur défiance en l'avenir injustifiée ; cet exemple montre combien il est imprudent de vouloir fixer des limites au progrès ; on a tort de croire que l'on peut arrêter la marche de la Science.

En réalité, l'on sait aujourd'hui que la dix-millionième partie du quart du méridien terrestre est plus longue que le mètre de 0 millimètre 187 ; mais les physiciens contemporains ne commettent pas la même faute que leurs devanciers et ils regardent ce résultat actuel comme un résultat provisoire, ils devinent que de nouveaux perfectionnements seront apportés à l'art des mesures, ils savent que les procédés géodésiques, aujourd'hui pourtant si améliorés, ont encore beaucoup à faire pour atteindre la précision obtenue dans la construction et dans la détermination des étalons de premier ordre, aussi ne proposent-ils pas de conserver l'ancienne définition, qui conduirait à avoir comme unité une grandeur qui aurait le grave défaut d'être, au point de vue pratique, incessamment variable.

Aussi bien, l'on peut même considérer, qu'au point de vue théorique, la permanence n'en serait pas assurée ; rien ne prouve en effet que des modifications sensibles ne peuvent pas se produire avec le temps dans la valeur d'un arc de méridien et de sérieuses difficultés pourraient être soul vées au sujet de l'inégalité probable des divers méridiens.

Pour toutes ces raisons, on est arrivé peu à peu à abandonner l'idée de chercher une unité naturelle et l'on s'est résigné à considérer comme unité fondamentale une longueur, arbitraire et conventionnelle, ayant une représentation matérielle admise par le consentement universel ; c'est cette unité qui a été consacrée par la loi du 11 juillet 1903 :

« L'etalon prototype du système métrique est le mètre international qui a été sanctionné par la conférence générale des Poids et Mesures. »

§ 3. — LA MESURE DES MASSES

Au sujet de la mesure des masses, on pourrait faire des remarques très analogues à celles qui viennent d'être faites pour les longueurs. La confusion fût peut-être plus grande encore parce qu'à l'incertitude relative à la fixation de l'unité s'ajoutait une certaine indécision sur la nature même de la grandeur définie. Dans la loi, dans les usages courants, les notions de poids et de masse n'étaient pas en effet séparées avec une netteté suffisante.

Elles représentent cependant deux choses essentiellement différentes. La masse caractérise une quantité de matière, elle ne dépend ni de la position géographique où l'on se trouve, ni de l'altitude à laquelle on peut s'élever, elle reste invariable tant qu'on n'y ajoute ou qu'on n'y retranche rien de matériel ; le poids est l'action que la pesanteur exerce sur le corps considéré; cette action ne dépend pas seulement du corps mais aussi de la terre, quand on se déplace d'un lieu à un autre, le poids change parce que la gravité varie avec la latitude et l'altitude.

Ces notions élémentaires, aujourd'hui fort bien comprises même par de jeunes débutants, paraissent avoir longtemps été mal saisies. La distinction restait confuse dans beaucoup d'esprits, parce que, le plus souvent, on évalue comparativement les masses par l'intermédiaire des poids. Les pesées faites avec la balance utilisent l'action des poids sur le fléau mais dans des conditions telles que l'influence des variations de la gravité se trouve éliminée ; les deux poids que l'on compare peuvent changer tous deux si la pesée se fait dans des endroits différents, mais ils sont attirés dans la même proportion; s'ils étaient égaux, ils restent égaux alors même que, dans la réalité, ils ont pu varier l'un et l'autre.

La loi actuelle définit le kilogramme comme étalon de masse, et la loi est certainement conforme aux intentions exprimées d'une façon un peu obscure par les fondateurs du système métrique : leur terminologie était vague, mais ils avaient certainement en vue de fournir un étalon pour les transactions commerciales, et il est bien évident que, dans les échanges, ce qui importe tant à l'acheteur qu'au vendeur, ce n'est pas l'attraction que la terre peut exercer sur les marchandises, mais la quantité qui peut en être livrée pour un prix déterminé. D'ailleurs, le fait que ces fondateurs se sont abstenus d'indiquer un lieu déterminé dans la définition du kilogramme, alors qu'ils connaissaient parfaitement les variations assez considérables de l'intensité de la pesanteur, ne laisse aucun doute sur leurs véritables désirs.

On a fait à la définition du kilogramme, considéré tout d'abord comme la masse d'un décimètre cube d'eau à 4 degrés, les mêmes objections qu'à la première définition du mètre ; on doit admirer l'incroyable précision atteinte du premier coup par les physiciens qui firent les déterminations initiales, mais on sait aujourd'hui que le kilogramme qu'ils avaient construit est un peu trop lourd $\left(\text{d'environ } \frac{2}{100.000}\right)$; des recherches fort remarquables ont été entreprises au sujet de cette détermination par le bureau international et par MM. Macé de Lépinay et Buisson.

La loi du 11 juillet 1903 a définitivement régularisé l'usage qu'avaient adopté, depuis quelques années, les physiciens, et l'étalon de masse prototype du système métrique est légalement aujourd'hui le kilogramme internationnal sanctionné par la conférence des poids et mesures.

La comparaison d'une masse et de l'étalon se fait avec une précision qu'aucune autre mesure ne saurait atteindre ; la métrologie répond du centième de milligramme sur un kilogramme, c'est-à-dire qu'elle évalue le cent millionième de la grandeur étudiée. On peut, comme pour les longueurs, se demander si cette précision déjà si admirable pourra être dépassée; les progrès paraissent ne devoir se faire qu'assez lentement, car les difficultés croissent singulièrement, lorsqu'on arrive à envisager de si faibles quantités; mais il est permis d'espérer que les physiciens de l'avenir feront encore mieux que ceux d'aujourd'hui et peut-être peut-on entrevoir le moment où l'on commencerait à s'apercevoir que l'étalon qui est construit avec un métal lourd, le platine iridié, obéirait lui-même à une loi qui semble générale et qu'il perdrait, petit à petit par émanation, quelques parcelles de sa masse.

§ 4. — LA MESURE DU TEMPS

La troisième grandeur fondamentale de la mécanique est le temps; il n'est pour ainsi dire pas de phénomène physique où la notion de temps liée à la suite des états de notre conscience, n'intervienne pour jouer un rôle considérable.

Des habitudes ancestrales, une tradition fort ancienne ont fait conserver comme unité de temps, une unité liée au mouvement de la terre, et l'unité aujourd'hui adoptée est, on le sait, la seconde sexagésimale de temps moyen. Cette grandeur, ainsi définie par les conditions d'un mouvement naturel qui peut lui-même se modifier, ne semble pas présenter toutes les garanties désirables au point de vue de son invariabilité. Il est certain que tout frottement exercé sur la terre, par exemple, par l'eau des mers durant les marées, doit lentement allonger la durée du jour et influer sur le mouvement de la terre autour du soleil. Certes, de telles influences sont bien faibles, mais elles donnent cependant un fâcheux caractère d'arbitraire à l'unité adoptée.

On aurait pu prendre comme étalon de temps la durée d'un autre phénomène naturel, paraissant se reproduire dans des conditions toujours parfaitement identiques à elle-même, par exemple la durée d'une vibration lumineuse déterminée, mais les difficultés expérimentales que l'on rencontrerait dans l'évaluation, avec une telle unité, des temps que l'on a d'ordinaire à considérer seraient si grandes que l'on ne peut espérer qu'une telle réforme passerait aisément dans la pratique. Il convient, d'ailleurs, de remarquer que la durée d'une vibration peut elle-même être influencée par certaines circonstances extérieures, entre autres par les variations du champ magnétique où la source se trouve placée ; elle ne saurait donc, d'une façon rigoureuse, être considérée comme indépendante de la terre et l'avantage théorique que l'on pouvait attendre de ce choix nouveau est quelque peu illusoire.

Peut-être dans l'avenir aura-t-on recours à des phénomènes forts différents ; ainsi, P. Curie a fait observer que si l'on a activé, à l'aide d'une solution de radium, l'air à l'intérieur d'un tube de verre, on peut sceller le tube et constater que le rayonnement des parois diminue avec le temps suivant une loi exponentielle.

La constante de temps définie par ce phénomène est la même, quelle que soit la nature et quelles que soient les dimensions des parois du tube, quelle que soit aussi la température, et l'on pourrait ainsi définir un temps indépendamment de toutes les autres unités.

On peut aussi, comme l'a fait d'une façon extrêmement ingénieuse M. Lippmann, se proposer d'obtenir des mesures du temps, que l'on peut considérer comme des mesures absolues parce qu'elles sont déterminées au moyen de paramètres dont la nature est autre que celle de la grandeur à mesurer. Les phénomènes de gravitations permettraient de faire de telles expériences, on emploierait, par exemple, le pendule, en adoptant pour unité de force, la force qui rend égale à l'unité la constante de la gravitation; l'unité de temps ainsi définie serait indépendante de l'unité de longueur et ne dépendrait que de la substance qui présenterait la masse unité sous l'unité de volume.

Il est également possible de s'adresser à des phénomènes électriques et l'on peut imaginer des expériences assez faciles à exécuter; ainsi, en chargeant un condensateur au moyen d'une pile et le déchargeant un nombre déterminé de fois pendant un certain intervalle de temps, de telle façon que l'effet du courant de décharge soit le même que l'effet du débit de la pile dans une résistance connue, on peut évaluer, par des mesures de grandeurs électriques, la durée de l'intervalle considéré; l'on ne doit pas voir, dans un tel système, un simple jeu d'esprit, puisque l'expérience très praticable, permettrait aisément de contrôler, avec une précision que l'on pourrait pousser très loin, la constance d'un intervalle de temps.

Au point de vue pratique, la chronométrie a fait, dans ces dernières années, de très sensibles progrès; les erreurs de marche des chronomètres sont corrigées d'une façon beaucoup plus systématique qu'autrefois et certaines découvertes ont permis d'apporter dans la construction des instruments d'importants perfectionnements ; ainsi les curieuses propriétés que présentent, au point de vues des dilatations, les aciers au nickel admirablement étudiés par M. Ch.-Ed. Guillaume, sont utilisées pour annihiler presque complètement l'influence des changements de la température.

§ 5. — LA MESURE DES TEMPÉRATURES

Des trois unités mécaniques on fait dériver des unités secondaires; ainsi, par exemple, l'unité de travail ou d'énergie mécanique.

La théorie cinétique fait de la température, comme de la chaleur elle-même, une quantité d'énergie et semble ainsi rattacher cette notion aux grandeurs mécaniques, mais on peut ne pas admettre la légitimité de cette théorie et d'ailleurs le mouvement calorifique serait un phénomène si étroitement resserré dans l'espace que nos moyens d'investigation les plus délicats ne nous permettraient pas de l'apercevoir. Il convient donc de continuer à envisager l'unité de différence de température comme une unité distincte qui doit s'ajouter aux unités fondamentales.

Pour arriver à définir la mesure d'une température, on considère en pratique une propriété arbitraire d'un corps, cette propriété doit seulement remplir cette condition qu'elle varie constamment dans le même sens lorsque la température s'élève et qu'elle possède, à toute température, une valeur bien déterminée. On mesure la valeur de cette propriété dans la glace fondante et dans la vapeur d'eau bouillante sous la pression normale et les centièmes successifs de la variation de cette valeur à partir de la glace fondante définissent le degré centésimal.

Mais la thermodynamique a fait comprendre que l'on peut dresser une échelle thermométrique sans s'appuyer sur aucune propriété déterminée d'un corps réel; cette échelle a une valeur absolue, indépendante des propriétés de la matière. Or il se trouve que, si l'on s'adresse, pour repérer les températures, au phénomène de la dilatation sous pression constante, ou à l'augmentation de pression sous volume constant d'un corps gazeux, on obtient une échelle très voisine de l'échelle absolue, qui se confond presque avec elle lorsque le gaz possède certaines qualités qui le rapprochent de ce cas limite que l'on nomme un gaz parfait. Cette très heureuse coïncidence a décidé du choix de la convention adoptée par les physiciens; ils définissent la température normale au moyen des variations de pression d'une masse d'hydrogène partant d'une pression initiale de un mètre de mercure à zéro degré.

M. P. Chappuis, dans des expériences de haute précision, conduites avec beaucoup de méthode, a prouvé qu'aux températures ordinaires, les indications d'un tel thermomètre sont si voisines des degrés de l'échelle théorique qu'il est presque impossible de connaître non seulement la valeur des divergences, mais même le sens dans lequel elles pourraient se produire.

L'écart devient cependant manifeste lorsque l'on opère à des températures extrêmes; il résulte de belles recherches de M. Daniel Berthelot qu'il faudrait retrancher + 0° 18 aux indications du thermomètre à hydrogène vers la température — 240° et leur ajouter +0° 05 à 1000° pour les ramener à l'échelle thermodynamique. Et, bien entendu, la différence deviendrait encore plus sensible si l'on se rapprochait davantage du zéro absolu ; l'hydrogène, ainsi de plus en plus refroidi, présentant de moins en moins les caractères d'un gaz parfait.

Pour étudier ces basses régions, voisines de cette sorte de pôle du froid vers lequel tendent les efforts de tant de physiciens qui sont parvenus en ces dernières années à avancer de quelques degrés, on peut s'adresser à un gaz encore plus difficile à liquéfier que l'hydrogène ; on a fait des thermomètres à hélium : dès la température de — 260°, l'écart d'un tel thermomètre avec le thermomètre à hydrogène est trés sensible.

La mesure des températures très élevées ne donne pas lieu aux mêmes objections théoriques que la mesure des températures très basses, mais elle est, au point de vue pratique, aussi difficile à effectuer avec un thermomètre ordinaire à gaz ; il devient impossible de garantir que le réservoir reste suffisamment imperméable et toute sécurité disparaît malgré l'emploi de récipients bien supérieurs à ceux d'autrefois, imaginés depuis peu par les physiciens de la « Reichansalt ».

On tourne la difficulté en s'adressant à d'autres méthodes, en utilisant, par exemple, des couples thermo-électriques tel que le couple de M. Le Chatelier dont l'emploi est si commode, mais la graduation de ces instruments ne peut être faite qu'au prix d'une extrapolation un peu hardie.

M. D. Berthelot a indiqué et expérimenté un procédé fort intéressant, fondé sur la mesure, par des phénomènes interférentiels, de l'indice de réfraction d'une colonne d'air soumise à la température que l'on veut mesurer, il paraît légitime d'admettre que, même aux plus hautes températures, la variation du pouvoir refringent est rigoureusement proportionnelle à celle de la densité ; car cette proportionnalité se vérifie très exactement tant que le contrôle reste possible. On peut ainsi, par une méthode qui offre le grand avantage d'être indépendante de la forme et de la dimension des enveloppes puisque seule intervient la longueur de la colonne d'air considérée, obtenir des résultats équivalents à ceux que donnerait le thermomètre à air sous la forme ordinaire.

Une autre méthode, très ancienne en principe, a pris depuis quelque temps une grande importance.

Il y a fort longtemps que l'on a cherché à évaluer la température d'un corps en étudiant son rayonnement, mais on ne connaissait pas de relation certaine entre ce rayonnement et la température, l'on ne possédait pas non plus de bonne méthode expérimentale, on avait recours à des formules purement empiriques et l'on utilisait des appareils peu précis.

Divers physiciens, continuant les travaux classiques de Kirchhoff, MM. Boltzmann, Wien, Plank ont donné, en partant des lois de la thermodynamique, des formules qui font connaître la puissance du rayonnement d'un corps noir en fonction de la température et de la longueur d'onde, ou bien encore la puissance totale, en fonction de la température et de la longueur d'onde correspondant à la valeur maxima de la puissance de la radiation. On aperçoit ainsi le moyen de s'adresser, pour mesurer les températures, à un phénomène, qui n'est plus la variation de la force élastique d'un gaz, et qui est cependant rattaché, lui aussi, aux principes de la thermodynamique.

C'est ce qu'ont fait MM. Lummer et Pringsheim dans une série de travaux qui comptent certainement parmi les plus belles recherches expérimentales de ces dernières années.

MM. Lummer et Pringsheim construisent un radiateur se rapprochant tout à fait du radiateur intégral théorique qui serait une enceinte isothermique fermée ne présentant qu'une très petite ouverture permettant de recueillir, au dehors, les radiations qui se trouvent en équilibre à l'intérieur. Cette enceinte est formée par un cylindre creux de charbon, chauffé à l'aide d'un courant intense ; les radiations sont étudiées au moyen d'un bolomètre dont la disposition varie suivant la nature des expériences.

Il n'est guère possible d'entrer dans le détail de la méthode, mais le résultat en indiquera suffisamment l'importance ; on peut aujourd'hui, grâce à ces recherches, évaluer une température de 2000° à 5° près environ ; c'est à peine s'il y a dix ans on pouvait répondre d'une semblable approximation pour des températures de 1000°.

§ 6. — UNITÉS DÉRIVÉES, MESURE D'UNE QUANTITÉ D'ÉNERGIE

Ce n'est, il faut le bien comprendre, que moyennant des conventions arbitraires que l'on établit une dépendance entre une unité dérivée et les unités fondamentales : les lois des nombres de la physique ne sont souvent que des lois de proportionnalité ; nous les transformons en lois d'égalité, parce que nous introduisons des coefficients numériques et que nous choisissons les unités dont ils dépendent de manière à simplifier autant que possible les formules les plus employées. En réalité, une vitesse, par exemple, n'est rien d'autre qu'une vitesse et ce n'est que par un choix particulier d'unité que nous arrivons à dire que c'est l'espace parcouru pendant l'unité de temps ; de même, une quantité d'électricité est une quantité d'électricité, rien ne prouve que, dans son essence, elle puisse être vraiment réductible à une fonction de la masse, de la longueur et du temps.

On rencontre encore des personnes qui semblent se faire quelques illusions à cet égard et qui voient dans la doctrine des dimensions des unités une doctrine de physique générale, alors qu'elle n'est à vrai dire qu'une doctrine de métrologie. La connaissance des dimensions est précieuse, elle permettra, par exemple, de vérifier facilement l'homogénéité d'une formule, mais elle ne saurait en rien nous renseigner sur la nature même de la quantité mesurée.

Des grandeurs auxquelles nous attribuons les mêmes dimensions peuvent être qualitativement irréductibles les unes aux autres ; ainsi les diverses formes d'énergie se mesurent avec la même unité ; et cependant il semble bien que les unes, telle que l'énergie cinétique, dépendent vraiment du temps, tandis que pour d'autres, telle que l'énergie potentielle, la dépendance établie par le système de mesure paraît quelque peu fictive.

La valeur numérique d'une quantité d'énergie de nature quelconque doit, dans le système C. G. S., être exprimée en fonction de l'unité appelée erg, mais, en fait, lorsque l'on veut comparer et mesurer différentes quantités d'énergie de formes diverses, énergies électriques, chimiques, etc., on emploie, presque toujours, une méthode telle que toutes ces énergies sont finalement transformées et employées à échauffer l'eau d'un calorimètre. Il est donc fort important de bien étudier le phénomène calorifique que l'on choisira comme unité de quantité de chaleur et de déterminer avec précision son équivalent mécanique, c'est-à-dire le nombre d'ergs nécessaires pour produire ce phénomène calorifique unité, nombre qui, d'après le principe de l'équivalence, ne dépend ni de la méthode employée, ni du temps, ni d'aucune autre circonstance extérieure.

A la suite de belles recherches de Rowland et de M. Griffiths sur les variations de la chaleur spécifique de l'eau, les physiciens ont décidé de prendre comme étalon calorifique la quantité de chaleur nécessaire pour élever un gramme d'eau de 15° à 16°, la température étant mesurée avec l'échelle du thermomètre à hydrogène du bureau international.

D'autre part, de nouvelles déterminations de

l'équivalent mécanique, parmi lesquelles il convient de citer celle de M. Ames, et une discussion complète des meilleurs résultats conduisent à adopter le nombre $4{,}187 \times 10^7$, pour représenter le nombre d'ergs capables de produire l'unité de chaleur.

En pratique, la mesure d'une quantité de chaleur se fait très souvent avec le calorimètre à glace dont l'emploi est particulièrement simple et commode ; il y a, par suite, un intérêt tout spécial à connaître avec exactitude la chaleur de fusion de la glace. M. Leduc qui, depuis plusieurs années, a mesuré un grand nombre de constantes physiques avec des soins minutieux et un sens remarquable de la précision, conclut, à la suite d'une discussion serrée des divers résultats obtenus, que cette chaleur est égale à $79^{cal}1$. Une erreur de près d'une calorie avait été commise par plusieurs expérimentateurs renommés ; on voit que sur certains points l'art des mesures peut encore grandement se perfectionner.

A l'unité d'énergie, on pourrait rattacher immédiatement d'autres unités ; ainsi une radiation n'étant qu'un flux d'énergie, on aurait pu, pour établir les unités photométriques, découper le spectre normal en bandes d'une largeur déterminée et mesurer la puissance de chacune d'elles pour l'unité de surface rayonnante.

Mais malgré de très beaux travaux récents sur cette question, il n'est pas encore permis de considérer comme parfaitement connue la répartition de l'énergie dans le spectre ; si l'on prend l'excellente habitude, dans quelques recherches, d'exprimer l'énergie rayonnante en ergs, on continue encore souvent à rapporter les radiations à un étalon donnant, par sa seule constitution, l'unité d'une radiation quelconque. On s'en tient, en particulier, pour la quantité de lumière aux définitions adoptées à la suite des recherches de M. Violle sur le rayonnement du platine fondu à la température de solidification et la plupart des physiciens utilisent, dans les usages courants de la photométrie, les notions si nettement distinguées par M. Blondel, d'intensité lumineuse de flux, d'éclairement, d'éclat et d'éclairage avec les unités correspondantes, bougie décimale, lumen, lux, bougie par centimètre carré, lumen-heure.

§ 7. — MESURE DE QUELQUES CONSTANTES PHYSIQUES

Les progrès de la métrologie ont entraîné, comme conséquence, des progrès correspondants dans presque toutes les mesures physiques, et, particulièrement, dans la mesure des constantes naturelles.

Parmi celles-ci, la constante de la gravitation occupe une place tout à fait à part, par l'importance et la simplicité de la loi physique qui la définit, comme par sa généralité : deux particules matérielles s'attirent mutuellement avec une force directement proportionnelle au produit de leurs masses et inversement proportionnelle au carré de la distance qui les sépare. Le coefficient de proportionnalité sera déterminé, une fois les unités choisies, quand on connaîtra les valeurs numériques de cette force, des deux masses et de leur distance ; mais, lorsque l'on veut faire des expériences de laboratoire, de graves difficultés apparaissent à cause de la faiblesse de l'attraction qui s'exerce entre des masses de dimensions usuelles. Il faut observer des forces pour ainsi dire microscopiques, et, par suite, éviter toutes les causes d'erreurs qui seraient négligeables dans la plupart des autres recherches physiques; on sait que Cavendish le premier, grâce à la balance de torsion, parvint à effectuer des mesures assez précises; cette méthode a été reprise par divers expérimentateurs: les résultats les plus nouveaux sont dus à M. Boys. Ce savant physicien est l'auteur d'une invention pratique des plus utiles, il est parvenu à fabriquer des fils de quartz aussi fins qu'on le peut désirer et extrêmement uniformes; il a trouvé que ces fils possédaient de précieuses propriétés : élasticité parfaite, grande ténacité. Il a pu avec des fils n'ayant, dans certains cas, pas plus de $\frac{1}{500}$ de millimètre de diamètre, mesurer avec précision des couples d'un ordre que l'on considérait auparavant comme entièrement inaccessible à l'expérience et réduire les dimensions des appareils de Cavendish dans la proportion de 150 à 1. Le grand avantage que l'on rencontre dans l'emploi de ces petits appareils est d'éviter beaucoup mieux les perturbations produites par les courants d'air et l'influence très grave de la moindre inégalité de température.

D'autres méthodes ont été, dans ces dernières années, employées par d'autres expérimentateurs : méthode du baron Eötvös, fondée sur l'emploi d'un levier de torsion, méthode de la balance ordinaire utilisée surtout par MM. Richarz et Krigar-Menzel, et, d'autre part, par M. Poynting, méthode de M. Wilsing, qui se sert d'une balance où le fléau est vertical : les résultats sont assez concordants et conduisent à attribuer à la terre une densité égale à 5,527.

La manifestation la plus familière de la gravitation est la pesanteur ; l'action de la terre sur l'unité de masse placée en un point, l'intensité de la pesanteur, se mesure, on le sait, à l'aide du pendule. Les méthodes de mesure, qu'il s'agisse de déterminations absolues ou de déterminations relatives, déjà si perfectionnées depuis Borda et Bessel, ont encore été améliorées par les travaux de divers géodésiens parmi lesquels il convient de citer M. Von Sterneek et M. le général Defforges ; de nombreuses observations ont été faites dans toutes les parties du monde par divers explorateurs, elles ont conduit à une connaissance assez complète de la répartition de la pesanteur à la surface du globe et on est arrivé ainsi à mettre en évidence des anomalies qui ne sauraient rentrer aisément dans la formule de Clairaut.

Une autre constante, dont la détermination est de la plus haute utilité pour l'astronomie de position et dont la valeur intervient dans les théories électro-magnétiques, a pris aujourd'hui, avec les idées nouvelles sur la constitution de la matière, une importance encore plus considérable ; je veux parler de la vitesse de la lumière, qui nous apparaît, nous le verrons plus loin, comme la valeur maxima de la vitesse qui pourrait être donnée à un corps matériel.

Après les expériences historiques de Fizeau et de

Foucault, reprises, on le sait, les unes par Cornu, les autres par Michelson et par Newcomb, il était encore possible d'augmenter la précision des mesures. M. Michelson a entrepris de nouvelles recherches avec une méthode qui est une combinaison du principe de la roue dentée de Fizeau et de celui du miroir tournant de Foucault; la roue dentée est d'ailleurs remplacée ici par un réseau où les traits et les espaces qui les séparent font l'office des pleins et des vides; la lumière réfléchie n'étant renvoyée que lorsqu'elle tombe dans l'intervalle entre deux traits. L'illustre physicien américain estime qu'il peut ainsi évaluer à 5 kilomètres près le chemin parcouru par la lumière en une seconde. Cette approximation correspond à une valeur relative de quelques cent millièmes, elle dépasse de beaucoup celles qu'ont atteinte les meilleurs expérimentateurs. Lorsque toutes les expériences seront terminées, elles permettront peut-être de résoudre certaines questions qui restent en suspens; ainsi, par exemple, la question de savoir si la vitesse de propagation dépend de l'intensité; au cas où il en serait ainsi, on serait amené à cette conclusion importante que l'amplitude des oscillations, qui est certainement très petite par rapport aux longueurs d'onde déjà si petites elles-mêmes, ne saurait cependant être considérée comme négligeable vis-à-vis de ces longueurs. Tel semblait être le résultat de curieuses expériences de M. Muller et de M. Ebert, mais ces résultats ont récemment été contestés par M. Doubt.

Pour les vibrations sonores, au contraire, l'expérience, d'accord avec la théorie, prouve bien que la vitesse croît avec l'amplitude, ou, si l'on aime mieux, avec l'intensité.

M. Violle a publié une importante série de travaux sur la vitesse de propagation des ondes très condensées, sur la déformation de ces ondes, sur les relations de la vitesse et de la pression, qui vérifient d'une manière remarquable les résultats que permettent de prévoir les calculs déjà anciens de Riemann, repris plus tard par Hugoniot.

Si, au contraire, l'amplitude est suffisamment petite, il existe une vitesse limite qui est la même dans un tuyau large ou à l'air libre. Dans de très belles expériences, MM. Violle et Vautier ont bien montré qu'un ébranlement quelconque produit dans l'air se fond assez vite en une onde unique de forme déterminée qui se propage au loin en s'affaiblissant graduellement et en présentant une vitesse constante qui diffère peu dans l'air sec à zéro° de 331^{m},36 à la seconde. Dans un tuyau étroit, l'influence des parois se fait sentir et produit des effets divers, en particulier, une sorte de dispersion dans l'espace des harmoniques du son; ce phénomène, d'après M. Brillouin, s'explique d'ailleurs parfaitement par une théorie semblable à la théorie des réseaux.

CHAPITRE III

Les Principes.

§ 1. — LES PRINCIPES DE LA PHYSIQUE

Les faits consciencieusement observés conduisent par induction à énoncer un certain nombre de lois ou d'hypothèses générales qui sont les principes dont nous avons déjà parlé; ces hypothèses principes sont, aux yeux d'un physicien, des généralisations légitimes que l'expérience, dont ils sont sortis, permettra ensuite de contrôler dans leurs conséquences.

Parmi ces principes à peu près universellement adoptés jusqu'à ces derniers temps figurent, en première ligne, les principes de mécanique : principe de relativité; principe de l'égalité de l'action et de la réaction. On ne les exposera, ni on ne les discutera point ici; mais on aura plus loin occasion d'indiquer comment les théories récentes sur les phénomènes électriques ont ébranlé la confiance qu'avaient en eux les physiciens et ont amené certains savants à douter de leur valeur absolue.

Le principe de Lavoisier ou principe de la conservation des masses se présente sous deux aspects différents suivant que l'on envisage la masse comme le coefficient d'inertie de la matière, ou comme le facteur qui intervient dans les phénomènes de l'attraction universelle et particulièrement dans la gravitation. Nous verrons, à propos de ces théories auxquelles il vient d'être fait allusion, comment on a été conduit à supposer que l'inertie dépendait de la vitesse et même de la direction; si cette conception était exacte, le principe de l'invariabilité de la masse se trouverait naturellement détruit. Considérée comme facteur de l'attraction, la masse est-elle réellement indestructible?

Il y a quelques années, poser cette question eut passé pour un acte singulièrement audacieux. Et cependant la loi de Lavoisier est si peu évidente qu'elle avait, durant des siècles, échappé aux physiciens et aux chimistes, mais sa grande simplicité apparente et son haut caractère de généralité lui donnèrent rapidement, lorsqu'elle eut été clairement exposée à la fin du XVIIIe siècle, une autorité telle qu'il n'était plus permis de la discuter à qui ne voulait se faire la réputation d'être un esprit bizarre, enclin aux idées paradoxales.

Il importe cependant de remarquer que, sous de fallacieuses apparences métaphysiques, l'on se paye en réalité de mots assez vains lorsque l'on répète l'aphorisme : « Rien ne se perd, rien ne se crée » et qu'on en veut déduire l'indestructibilité de la matière.

L'indestructibilité est, à vrai dire, un fait expérimental, et le principe vaut ce que vaut l'expérience. Il peut même paraître plutôt singulier au premier abord que le poids d'un système de corps dans un endroit donné, ou le quotient de ce poids par celui de la masse étalon, c'est-à-dire la masse de ces corps, reste invariable lorsque la température change, et invariable aussi lorsque des réactions chimiques viennent à faire disparaître les matériaux primitifs et à en faire apparaître de nouveaux. On peut certainement considérer que dans un phénomène chimique se produisent vraiment des anéantissements et des créations de matière, mais la loi expérimentale nous apprend qu'il y a, à certains égards, compensation.

La découverte des corps radio-actifs a rendu en quelque sorte populaires les spéculations des physiciens sur les phénomènes de désagrégation de la matière, nous aurons à rechercher le sens exact qu'il convient d'attribuer aux expériences sur l'émanation de ces corps et à voir si ces expériences mettent vraiment en péril la loi de Lavoisier.

Depuis quelques années, plusieurs expérimentateurs ont aussi effectué de nombreuses pesées de haute précision sur des corps divers, avant et après que se sont effectuées des réactions chimiques entre ces corps; deux physiciens très exercés et très prudents, MM. Landolt (1) et Heydweiller n'ont pas craint d'énoncer ce résultat sensationnel que, dans certaines circonstances, le poids n'est plus le même après qu'avant la réaction. En particulier, le poids d'une dissolution d'un sel de cuivre dans de l'eau ne serait pas la somme exacte des poids du sel et de l'eau. De telles expériences sont évidemment bien délicates, elles ont été contestées et l'on ne saurait certainement les considérer comme suffisantes pour entraîner la conviction; il n'en

1. De nouvelles expériences de M. Landolt ont mis en évidence deux causes d'erreurs tout d'abord non soupçonnées. Des différences dans la condensation de l'humidité à la surface du verre et de légères déformations des appareils sous l'action de la chaleur dégagée par la réaction chimique expliquent les variations observées; M. Landolt conclue que la loi de Lavoisier est exacte à $\frac{1}{10.000.000}$ près.

résulte pas moins qu'il n'est plus défendu de ne considérer la loi de Lavoisier que comme une loi approchée; d'après MM. Sandford et Ray, cette approximation serait de $\frac{1}{2\,400\,000}$; c'est aussi le résultat auquel arrive M. Poynting dans des expériences relatives à l'action possible de la température sur le poids des corps; s'il en est vraiment ainsi, nous pouvons nous rassurer, et, au point de vue des applications pratiques, continuer à considérer la matière comme indestructible.

Les principes de physique, imposant certaines conditions aux phénomènes, limitent, en quelque sorte, le champ du possible; parmi ces principes, il en est un qui, malgré son importance comparable à celle des principes universellement connus, est moins familier à quelques personnes; je veux parler du principe de symétrie dont on pourrait sans doute trouver des applications plus ou moins conscientes dans divers travaux et même dans les conceptions des astronomes coperniciens, mais qui a été généralisé et clairement énoncé pour la première fois par P. Curie.

L'illustre physicien a montré l'intérêt qu'il y aurait à introduire dans l'étude des phénomènes physiques les considérations sur la symétrie familières aux cristallographes; pour qu'un phénomène se puisse produire, il est nécessaire qu'une certaine dissymétrie existe au préalable dans le milieu où se passera ce phénomène.

Un corps, par exemple, peut être animé d'une certaine vitesse linéaire ou d'une vitesse de rotation, il peut être comprimé, ou tordu, il peut être placé dans un champ électrique ou dans un champ magnétique, il peut être parcouru par un courant électrique ou calorifique, il peut être traversé par un rayon de lumière naturelle ou polarisée rectilignement ou circulairement... Dans chaque cas une certaine dissymétrie minima et caractéristique est nécessaire en chaque point du corps.

Cette considération permet de prévoir que certains phénomènes que l'on pourrait imaginer *a priori* ne peuvent pas exister; ainsi, par exemple, il est impossible qu'un champ électrique, grandeur dirigée non superposable à son image dans un miroir perpendiculaire à sa direction, se produise perpendiculairement au plan de symétrie du milieu; tandis que, dans les mêmes conditions, un champ magnétique pourra prendre naissance.

L'on est aussi amené, par cette considération, à découvrir de nouveaux phénomènes, mais, bien entendu, elle ne saurait, à elle seule donner des notions absolument précises sur la nature de ces phénomènes et faire prévoir leur ordre de grandeur.

§ 2. — LE PRINCIPE DE LA CONSERVATION DE L'ÉNERGIE

Dominant non seulement toute la physique mais encore presque toutes les sciences, le principe de la conservation de l'énergie est considéré à juste titre, comme la plus grande conquête de la pensée contemporaine. Il éclaire d'un jour puissant les questions les plus diverses, il permet de mettre de l'ordre dans les études les plus variées, il conduit à une interprétation claire et cohérente de phénomènes qui, sans lui, sembleraient sans liens les uns avec les autres, il fournit des relations numériques précises et exactes entre les grandeurs qui interviennent dans ces phénomènes.

Les esprits les plus hardis ont en lui une instinctive confiance et, contre cet assaut que l'audace de quelques théoriciens a dirigé pour renverser, depuis peu de temps, les principes généraux de la physique, il a été celui qui a le plus solidement résisté. Lorsqu'une découverte nouvelle surgit, la première pensée qui vient aux physiciens est de rechercher comment cette découverte s'accorde avec le principe de la conservation de l'énergie ; l'application du principe ne manque jamais d'ailleurs de fournir, sur le phénomène nouveau, de précieuses indications et même de suggérer souvent une découverte complémentaire. A l'heure présente il semble bien n'avoir jamais été mis en échec, même les propriétés extraordinaires du radium ne le contredisent pas sérieusement ; aussi bien,il doit à la forme générale sous laquelle on l'énonce une telle souplesse qu'il est sans doute fort difficile à abattre.

On n'a pas la prétention d'écrire ici l'histoire complète de ce principe, mais on peut chercher à montrer comment il est né péniblement, retardé à l'origine, puis gêné dans son développement par les conditions défavorables au milieu desquelles il apparaissait : il venait en effet, de prime abord, s'opposer aux théories régnantes, mais, petit à petit, il agit sur ces théories, elles se modifièrent sous son impulsion, puis, à leur tour, ces théories réagirent sur lui, et changèrent sa forme primitive. C'est ainsi qu'il dût perdre de son ampleur pour rentrer dans les cadres classiques, il fut englobé dans la mécanique, et s'il devint moins général, il gagna en précision ce qu'il perdait en étendue. Une fois qu'il fut définitivement admis et classé dans le domaine, en quelque sorte officiel, de la science, il chercha à se dégager des liens où on l'avait tout d'abord enserré et à reprendre une vie individuelle plus indépendante et plus large. L'histoire de ce principe est une histoire semblable à celle de toutes les évolutions.

On sait que la conservation de l'énergie fut d'abord envisagée au point de vue des transformations réciproques entre la chaleur et le travail et que le principe reçut un premier énoncé clair dans le cas particulier du principe de l'équivalence. Aussi considère-t-on avec raison que les savants qui doutèrent, les premiers, de la matérialité du calorique furent les précurseurs de R. Mayer; leurs idées n'étaient pas cependant semblables à celles du célèbre médecin allemand, car ils cherchaient avant tout, ces savants, à démontrer que la chaleur est un mode de mouvement. Sans remonter à des essais anciens et isolés comme les tentatives de Daniel Bernouilli qui, dans son hydrodynamique, posait la base de la théorie cinétique des gaz, ou comme les recherches de Boyle sur le frottement, on peut, pour montrer comment la question était posée autrefois, rappeler une page un peu oubliée du *Mémoire sur la chaleur*, publié en 1780 par Lavoisier et Laplace : « D'autres physiciens, écrivaient-ils après avoir exposé la théorie du calorique, pensent que la chaleur n'est que le résultat des vibrations insensibles de la matière... Dans le système que nous examinons, la chaleur est la force vive qui résulte des mouvements insensibles des molécules d'un corps, elle est la somme des produits de la masse de chaque molécule par le carré de sa vitesse... Nous ne déciderons point entre les deux hypothèses précédentes ; plusieurs phénomènes paraissent favorables à la dernière : tel est par exemple celui de la chaleur que produit le frottement de deux corps solides, mais il en est d'autres qui s'expliquent plus simplement dans la première, peut-être ont-elles lieu toutes deux à la fois ». Mais la plupart des physiciens d'alors ne partageaient pas les doutes prudents de Lavoisier et de Laplace ; ils admettaient, sans hésitation, la première hypothèse et, quatre ans après l'apparition du *Mémoire sur la chaleur*, un professeur de physique très renommé, Sigaud de Lafond, écrivait : « Le feu pur, dégagé de tout état de combinaison, paraît un assemblage de particules d'une matière simple, homogène, absolument inaltérable et toutes les propriétés de cet élément indiquent que ces particules sont infiniment petites et déliées, qu'elles n'ont aucune cohésion sensible entre elles, qu'elles sont mues en toutes sortes de sens, d'un mouvement continuel et rapide qui leur est essentiel ... L'extrême ténacité, la mobilité surprenante de ses molécules se fait voir manifestement par la facilité avec laquelle il pénètre les substances les plus compactes et par sa tendance à se mettre en équilibre dans tous les corps circumvoisins. »

Il faut reconnaître d'ailleurs que l'idée de Lavoisier et de Laplace était un peu vague et même inexacte sur un point important : ils admettaient comme évident que « toutes les variations de chaleur, soit réelles, soit apparentes, qu'éprouve un système de corps, en changeant d'état, se produisent dans un ordre inverse lorsque le système repasse à son premier état ». Cette phrase est la dénégation même de l'équivalence, dans le cas où ces changements d'état sont accompagnés d'un travail extérieur.

D'ailleurs Laplace devint lui-même par la suite un partisan très convaincu de l'hypothèse de la matérialité du calorique et son immense autorité, si heureuse à d'autres égards pour le développement de la science, fut certainement ici une cause retardatrice du progrès.

On cite souvent les noms de Young, de Rumford, de Davy, parmi ceux des physiciens qui entrevirent, au début du XIXe siècle, des vérités nouvelles sur la nature de la chaleur; à ces noms on ajoute bien justement celui de Sadi Carnot: une note retrouvée dans ses papiers prouve indubitablement qu'avant 1830, il s'était fait quelques idées d'où il résultait que pour produire du travail on devait détruire une quantité de chaleur équivalente.

Mais l'année 1842 est particulièrement mémorable dans l'histoire de la science, car c'est l'année où Jules-Robert Mayer parvint, par un effort entièrement personnel, à énoncer véritablement le principe de la conservation de l'énergie.

Les chimistes rappellent avec un juste orgueil que les *remarques sur les forces de la nature animée*, dédaigneusement repoussées par tous les journaux de physique, furent recueillies et publiées par les annales de Liebig. Il convient de ne jamais oublier cet exemple qui démontre avec quelle peine une idée nouvelle, contraire aux théories classiques du moment, parvient à se faire jour, mais on peut cependant plaider les circonstances atténuantes en faveur des physiciens.

Robert Mayer avait une éducation mathématique un peu insuffisante, et ses Mémoires, aussi bien « les remarques » que les publications ultérieures : « *Mémoire sur le mouvement organique et la nutrition* » ou les « *Matériaux pour la dynamique du ciel* » renferment, à côté d'idées très profondes, des erreurs mécaniques évidentes. Il arrive souvent ainsi que certaines découvertes énoncées un peu vaguement par des esprits aventureux qui ne sont pas embarrassés par un lourd bagage d'érudition scientifique et qui marchent audacieusement en avant de leur temps, tombent dans un oubli assez explicable, jusqu'au moment où elles sont retrouvées, clarifiées et mises en valeur par des chercheurs plus lents mais plus sûrs.

Il en fut ainsi pour les idées de Mayer, elles ne furent pas comprises de prime abord, non seulement à cause de leur originalité, mais, aussi, parce qu'elles étaient énoncées dans un langage incorrect.

Mayer était d'ailleurs doué d'une force de pensée singulière ; il exprimait d'une façon un peu confuse un principe qui, pour lui, avait une généralité plus grande que la mécanique elle-même, et ainsi sa découverte dépassait, non seulement son époque mais encore les cinquante années qui la suivirent ; il peut, à juste titre, être considéré comme le fondateur de l'énergétique moderne.

Dégagée des obscurités qui empêchaient de l'apercevoir nettement, son idée apparaît aujourd'hui dans son imposante simplicité ; mais il faut convenir que si elle a été un peu dénaturée par ceux qui la voulurent adapter aux théories mécaniques, si elle a d'abord perdu son haut caractère de généralité, elle s'est ainsi affermie et consolidée sur un terrain plus stable.

Les efforts d'Helmholtz, de Clausius, de lord Kelvin pour faire rentrer le principe dans la mécanique furent loin d'être inutiles : ces illustres physiciens parvinrent à donner une forme plus précise à de nombreuses applications ; leurs tentatives contribuèrent ainsi, par contre-coup, à communiquer à la mécanique elle-même une impulsion toute nouvelle et permirent de la rattacher à un ordre de faits plus général. Si l'énergétique n'a pu rentrer dans la mécanique, il semble bien qu'il n'est pas vain de tâcher de faire rentrer, au contraire, la mécanique dans l'énergétique.

Au milieu du siècle dernier, l'explication de tous les phénomènes naturels semblait de plus en plus devoir se rapporter au cas des forces centrales. Partout on croyait apercevoir des actions réciproques entre des points matériels, ces points s'attirant ou se repoussant avec une intensité qui ne dépend que de leur distance et de leur masse. Si, à un système ainsi composé, on applique les lois de la mécanique classique, on démontre que la demi-somme du produit des masses par le carré des vitesses, augmentée du travail que pourraient accomplir les forces auxquelles le système est soumis s'il repassait de la position actuelle à la position initiale, est une somme constante.

Cette somme, qui est l'énergie mécanique du système, est donc une quantité invariable dans tous les états où il peut être amené par les actions mutuelles de ses diverses parties, et le mot énergie exprime bien une propriété capitale de cette quantité, car si deux systèmes sont liés entre eux de manière que tout changement produit dans l'un entraîne nécessairement un changement dans l'autre, il ne peut y avoir variation dans la quantité caractéristique du second qu'autant que la quantité caractéristique du premier varie elle-même (à condition bien entendu que les liaisons soient établies de telle sorte qu'on n'ait introduit aucune force nouvelle) ; et l'on voit ainsi que cette quantité exprime bien la capacité que possède un système de modifier l'état d'un système voisin auquel on peut le supposer lié.

Or, ce théorème de mécanique pure se trouvait en défaut chaque fois qu'il y avait frottement, c'est-à-dire dans tous les cas réellement observables ; l'écart était d'autant plus considérable que les frottements étaient plus sensibles, mais toujours aussi un phénomène nouveau apparaissait, de la chaleur prenait naissance. L'on parvint, par des expériences aujourd'hui classiques, à établir que cette quantité de chaleur ainsi créée, indépendante de la nature des corps, est toujours (quand n'interviennent pas d'autres phénomènes) proportionnelle à l'énergie disparue ; réciproquement, d'ailleurs, la chaleur peut disparaître et toujours l'on trouve un rapport constant entre les quantités de chaleur et de travail qui se remplacent mutuellement.

Il est bien clair que de telles expériences ne prouvent pas que la chaleur soit du travail ; l'on pourrait aussi bien dire que le travail est de la chaleur. C'est faire une hypothèse gratuite que d'admettre cette réduction de la chaleur au mécanisme, mais cette hypothèse était si séduisante, si conforme aux désirs de presque tous les physiciens d'arriver à une sorte d'unité dans la nature, qu'ils la firent avec empressement et qu'ils furent convaincus sans réserve que la chaleur est une force vive interne.

Leur tort ne fut pas d'admettre cette hypothèse; elle était légitime puisqu'elle se montra très féconde, mais quelques-uns d'entre eux commirent la faute d'oublier qu'elle était une hypothèse et voulurent la considérer comme une vérité démontrée.

De plus, ils étaient ainsi conduits à ne voir dans les phénomènes que ces deux formes particulières d'énergie qui pour eux s'identifiaient si aisément.

Dès le début cependant, il apparaissait que le principe s'applique dans des cas où la chaleur ne joue qu'un rôle parasite ; ainsi l'on arrivait à trouver, en traduisant le principe de l'équivalence, des relations numériques entre des grandeurs électriques, par exemple, et des grandeurs mécaniques ; la chaleur était une sorte de variable intermédiaire commode pour le calcul, mais introduite d'une manière détournée et destinée à disparaître dans le résultat définitif.

Verdet qui, dans des leçons restées justement célèbres, mit au point, avec une remarquable clarté, les théories nouvelles, disait en 1862 : « Les phénomènes électriques sont toujours accompagnés de manifestations calorifiques dont l'étude appartient à la théorie mécanique de la chaleur. Cette étude, d'ailleurs, n'aura pas seulement pour effet de nous faire connaître des effets intéressants de l'électricité, elle jettera quelques lueurs sur les phénomènes électriques eux-mêmes ».

L'éminent professeur exprimait ainsi l'opinion générale de ses contemporains, mais il semblait bien pressentir que la théorie nouvelle allait bientôt pénétrer plus profondément dans la nature intime des choses.

Trois ans auparavant, Rankine avait, d'ailleurs, émis des idées fort remarquables dont la portée ne fut pas tout d'abord bien aperçue. C'est lui qui comprit l'utilité d'employer un terme plus compréhensif et qui inventa le mot d'énergétique, il cherchait à créer une nouvelle doctrine dont la mécanique rationnelle ne serait qu'un cas particulier; il montrait qu'il était possible d'abandonner les idées d'atomes et de forces centrales et de constituer un système plus général en substituant à la considération ordinaire des forces celle de l'énergie qui existe dans les corps, en partie à l'état actuel, en partie à l'état potentiel.

Précisant les conceptions de Rankine, les physiciens de la fin du dix-neuvième siècle furent amenés à considérer que, dans tous les phénomènes physiques, il intervient des apparitions et des disparitions qui se compensent d'énergies diverses. Il est naturel, d'ailleurs, de supposer que ces apparitions et ces disparitions équivalentes correspondent à des transformations et non à des créations et des destructions simultanées; l'on se représente ainsi que l'énergie prend des formes différentes: mécaniques, électriques, calorifiques, chimiques, capables de se changer les unes dans les autres, mais de façon que la valeur quantitative en reste toujours la même; pareillement une certaine valeur en banque peut être représentée par des billets, de l'or, de l'argent ou du billon.

La forme la plus anciennement connue, le travail, servira d'étalon, comme l'or sert d'étalon monétaire et l'énergie sous toutes ses formes, s'évaluera par le travail correspondant.

Dans chaque cas particulier, l'on pourra définir rigoureusement et mesurer, par l'application correcte du principe de la conservation, la quantité d'énergie évoluée sous une forme déterminée.

On disposera une machine comprenant un corps susceptible d'évoluer cette énergie, puis on fera parcourir un cycle fermé à tous les organes de cette machine, à l'exception du corps lui-même, qui devra cependant revenir à un état tel que toutes les variables, dont cet état dépend, reprennent leurs valeurs initiales, sauf la variable particulière à laquelle est liée l'évolution de l'énergie considérée. La différence entre le travail ainsi fourni et celui que l'on aurait obtenu si cette variable était, elle aussi, revenue à sa valeur première mesure l'énergie évoluée.

De même que, aux yeux des mécaniciens, les

forces d'origine quelconque, capables de se composer les unes avec les autres, de s'équilibrer, appartiennent à une même catégorie d'êtres, de même, pour beaucoup de physiciens, l'énergie est une sorte d'entité que l'on retrouve sous divers aspects. Il existe ainsi, pour eux, un monde qui vient en quelque sorte se superposer au monde de la matière, le monde de l'énergie, dominé, lui aussi, par une loi fondamentale semblable à celle de Lavoisier.

Cette conception dépasse déjà, nous l'avons vu, l'expérience, mais d'aucuns vont plus loin encore ; absorbés dans la contemplation de ce monde nouveau, ils arrivent à se persuader que le monde ancien de la matière n'existe pas dans la réalité, et que l'énergie seule suffit pour avoir une compréhension complète de l'Univers et de tous les phénomènes qui se produisent dans son sein.

Ils font remarquer que toutes nos sensations correspondent à des échanges d'énergie, que tout ce qui tombe sous nos sens est à vrai dire de l'énergie. La fameuse expérience des coups de bâton par laquelle on démontre au philosophe incrédule l'existence du monde extérieur, ne prouve en réalité que l'existence de l'énergie et non celle de la matière ; le bâton, en lui-même, est inoffensif, fait remarquer M. Ostwald, c'est sa force vive, son énergie cinétique qui nous est douloureuse et si nous possédions une vitesse égale à la sienne, dirigée dans le même sens, il n'existerait plus pour notre toucher.

Ainsi la matière ne serait que la capacité pour l'énergie cinétique, sa prétendue impénétrabilité serait l'énergie de volume ; son poids, l'énergie de position sous la forme particulière qui se présente dans la gravitation universelle, l'espace lui-même ne nous serait connu que par la dépense d'énergie nécessaire pour le pénétrer.

Dans tous les phénomènes physiques, il conviendrait donc de n'envisager que les quantités d'énergie mises en jeu ; toutes les équations qui lient les phénomènes les uns aux autres n'auraient de sens que si elles s'appliquent aux échanges d'énergie, car l'énergie seule peut être commune à tous les phénomènes.

Cette manière excessive d'envisager les choses peut séduire par son originalité, mais elle paraît quelque peu insuffisante si, après avoir énoncé des généralités, on veut serrer de près la question.

Du point de vue philosophique, il est d'ailleurs assez difficile de ne pas conclure, des qualités que révèlent, si l'on veut, les formes variées de l'énergie à l'existence d'une substance possédant ces qualités; cette énergie qui réside en une région, qui se transporte d'un endroit à un autre, éveille forcément, quoi que l'on en ait, l'idée de la matière.

Helmholtz a fait un essai pour construire une mécanique, en partant de l'idée de l'énergie et de sa conservation, mais il a dû invoquer une seconde loi, le principe de la moindre action et s'il a pu ainsi se passer de l'hypothèse des atomes, s'il est arrivé à montrer que la nouvelle mécanique fait comprendre l'impossibilité de certains mouvements qui pourraient se produire d'après la mécanique classique et qui, d'après l'expérience, ne se produisent jamais dans la réalité, il n'a pu faire que le principe de la moindre action qui lui était nécessaire, s'expliquât dans le cas des phénomènes irréversibles, les seuls pourtant qui existent vraiment dans la nature.

Ainsi donc les énergétistes ne sont pas arrivés à constituer un système entièrement solide, mais leurs efforts ont au moins réussi en partie : la plupart des physiciens croient, avec eux, que l'énergie cinétique n'est qu'une variété particulière à laquelle il n'y aucune raison de vouloir rattacher toutes les autres formes d'énergie.

Si ces formes se présentaient innombrables dans l'Univers, le principe de la conservation perdrait, en fait, une grande partie de son importance. Chaque fois que semblerait apparaître ou disparaître une certaine quantité d'énergie, il serait toujours loisible de supposer qu'une quantité équivalente a disparu ou apparu quelque part sous une forme nouvelle; ainsi le principe s'évanouirait en quelque sorte. Mais les formes connues sont en nombre assez restreint, et le besoin d'en envisager d'autres ne se fait pas souvent sentir; nous verrons cependant que, pour expliquer, par exemple, les propriétés paradoxales du radium et rétablir l'accord entre ces propriétés et le principe, certains physiciens ont recours à cette hypothèse que le radium emprunte une énergie inconnue au milieu dans lequel il se trouve plongé; cette hypothèse n'est d'ailleurs aucunement nécessaire, et, dans d'autres cas assez rares, où l'on avait dû en émettre de semblables, l'expérience a toujours permis de découvrir ultérieurement un phénomène qui avait échappé aux premiers observateurs et qui correspondait exactement à la variation d'énergie mise d'abord en évidence.

Une difficulté provient cependant de ce fait que le principe ne doit s'appliquer qu'à un système isolé; soit qu'on imagine des actions à distance, soit que l'on croit à des milieux intermédiaires, il faut bien toujours admettre qu'il n'existe pas de corps dans le monde qui ne puissent agir les uns sur les autres et l'on ne saurait jamais affirmer qu'une modification, se produisant dans l'énergie d'un lieu déterminé, ne puisse retentir au loin dans quelque endroit inconnu. Cette difficulté peut rendre parfois un peu illusoire la valeur du principe.

De même, il convient de n'accueillir qu'avec un peu de méfiance l'extension que font certains philosophes à l'Univers tout entier d'une propriété démontrée pour les systèmes restreints que, seuls, l'observation peut atteindre; nous ne savons rien de l'Univers considéré comme un tout et toute généralisation de ce genre dépasse singulièrement l'expérience

Même réduit à des proportions plus modestes, le principe de la conservation de l'énergie reste d'ailleurs d'une importance capitale; il garde encore, si l'on veut, une haute valeur philosophique; M. J. Perrin fait justement remarquer qu'il donne une forme sous laquelle se laisse expérimentalement saisir la causalité et qu'il nous enseigne qu'un résultat doit s'acheter au prix d'un effort déterminé.

On peut, en effet, avec M. Perrin et M. Langevin, le présenter d'une façon qui mette en évidence ce caractère en l'énonçant ainsi : « Si au prix d'un changement C on a pu obtenir un changement K, on n'obtiendra jamais pour le même prix, quel que soit le mécanisme utilisé, tout d'abord le changement K et en surplus un autre changement à moins que ce dernier ne soit de ceux dont on sait par ailleurs qu'ils ne coûtent rien à produire ou à détruire ». Si, par exemple, une chute de poids peut être accompagnée, sans qu'il se produise rien d'autre, d'une autre transformation, la fusion d'une certaine masse de glace, par exemple, il sera impossible, de quelque manière que l'on s'y prenne et quel que soit le mécanisme utilisé, d'associer cette même transformation avec la fusion d'un autre poids de glace.

On peut ainsi, à la transformation considérée, faire correspondre un nombre qui résume ce que l'on peut attendre de l'effet extérieur, donner, pour ainsi dire, le prix auquel s'achète cette transformation, mesurer sa valeur invariable par une commune mesure, la fusion de la glace par exemple et, sans aucune ambiguïté, définir l'énergie perdue pendant une transformation comme proportionnelle à la masse de glace qu'on peut lui associer; cette mesure est d'ailleurs indépendante du phénomène particulier pris pour commune mesure.

§ 3. — LE PRINCIPE DE CARNOT-CLAUSIUS

Le principe de Carnot, d'une nature analogue au principe de la conservation de l'énergie, a aussi une origine semblable; il a tout d'abord, comme ce dernier, et avant lui d'ailleurs, été énoncé à la suite de considérations qui ne portaient que sur la chaleur et le travail mécanique, et comme lui encore, il a évolué, grandi, envahi le domaine entier de la physique; il est intéressant d'examiner rapidement les diverses phases de cette évolution. Les origines du principe de Carnot sont nettement déterminées et il est très rare de pouvoir avec autant de sûreté remonter à la source d'une découverte. Sadi Carnot n'eut, à vrai dire, aucun précurseur; à son époque, les machines thermiques n'étaient pas encore très répandues et personne n'avait beaucoup réfléchi à leur théorie, il fut sans doute le premier à se poser certaines questions et certainement le premier à les résoudre.

On sait comment, en 1824, dans ses « *Réflexions sur la puissance motrice du feu* », il chercha à prouver que « la puissance motrice de la chaleur est indépendante des agents mis en œuvre pour la réaliser » et que « sa quantité est fixée uniquement par les températures des corps entre lesquels se fait en dernier résultat le transport du calorique », du moins dans toutes les machines où « la méthode de développer la force motrice atteint la perfection dont elle est susceptible », et c'est là, presque textuellement, l'un des énoncés que l'on donne encore aujourd'hui du principe. Carnot aperçut très clairement ce fait capital que pour produire du travail avec de la chaleur il est nécessaire d'avoir à sa disposition une chute de température; à cet égard il s'exprime avec une netteté parfaite : « La puissance motrice d'une chute d'eau dépend de sa hauteur et de la quantité de liquide; la puissance motrice de la chaleur dépend aussi de la quantité de calorique employé et de ce que l'on pourrait nommer, et de ce que nous appellerons en effet, la hauteur de chute, c'est-à-dire de la différence de température des corps entre lesquels se fait l'échange du calorique. »

Partant de cette idée il tâche de démontrer, en associant deux machines capables de fonctionner suivant un cycle réversible, que le principe découle de l'impossibilité du mouvement perpétuel.

Son Mémoire, aujourd'hui célèbre, n'avait pas produit grande sensation, il était à peu près tombé dans un oubli profond qui, à la suite de la découverte du principe de l'équivalence, pouvait passer pour parfaitement justifié ; écrit, en effet, dans l'hypothèse de l'indestructibilité du calorique, il devait, ce mémoire, être condamné au nom de la nouvelle doctrine, au nom du principe récemment mis au jour.

C'était, à vrai dire, une nouvelle découverte à faire que de constater que l'idée fondamentale de Carnot subsistait, après la destruction de l'hypothèse relative à la nature de la chaleur sur laquelle il semblait s'appuyer ; sans doute, il dut lui-même apercevoir que son idée était bien indépendante de cette hypothèse, puisque, nous l'avons vu, il fut amené à pressentir que la chaleur peut disparaître, mais ses démonstrations avaient besoin d'être reprises et, en quelques points, modifiées.

C'est à Clausius qu'était réservé la gloire de retrouver le principe, de l'énoncer dans un langage conforme aux nouvelles doctrines, et aussi de lui donner une généralité beaucoup plus grande. Le postulat auquel on arrive par induction expérimentale et que l'on devra admettre sans démonstration est, pour Clausius, que, dans une série de transformations où l'état final est identique à l'état initial, il est impossible que la chaleur passe d'un corps plus froid dans un corps plus chaud, à moins qu'il ne se produise en même temps quelque autre phénomène accessoire.

Plus correctement peut-être, on peut donner du postulat un énoncé qui, dans le fond, est analogue, et l'on dira : Un moteur thermique qui, après une série de transformations, revient à son état initial, ne peut fournir de travail que s'il existe au moins deux sources de chaleur et que si une certaine quantité de chaleur est cédée à l'une des sources qui ne peut jamais être la plus chaude. Par l'expression source de chaleur, on désigne un corps extérieur au système et capable de lui fournir ou de lui retirer de la chaleur.

Partant de ce principe, on arrive, avec Clausius, à démontrer que le rendement d'une machine réversible fonctionnant entre deux températures données est plus grand que celui de toute machine non réversible, et qu'il est le même pour toutes les machines réversibles fonctionnant entre ces deux températures.

C'est la proposition même de Carnot; mais cette proposition ainsi énoncée, fort utile pour la théorie des machines, ne présente pas encore un intérêt bien général. Clausius en a tiré des conséquences plus importantes : d'abord, il a montré que le principe conduit à définir une échelle de température absolue, puis il a été amené à envisager une nouvelle notion qui permet de jeter une vive lumière sur les questions d'équilibre physique, je veux parler de l'entropie.

Il est assez difficile encore de dégager complètement cette notion si importante de tout appareil analytique; beaucoup de physiciens hésitent à l'utiliser et la regardent même avec quelque méfiance, parce qu'ils y voient une fonction purement mathématique n'ayant aucun sens physique déterminé.

Peut-être se montrent-ils bien sévères ici, alors qu'ils admettent souvent avec trop de facilité l'existence objective de quantités qu'ils ne sauraient définir; ainsi, par exemple, il est d'usage presque courant, de parler de la chaleur que possède un corps, alors qu'aucun corps ne possède en réalité une quantité de chaleur déterminée, même relativement à un état initial quelconque, puisque, à partir de ce point de départ, les quantités de chaleur qu'il aura pu gagner ou perdre varient avec le chemin suivi et même avec les moyens employés pour le suivre : ces expressions de chaleur gagnée ou perdue sont, d'ailleurs, elles-mêmes d'une incorrection évidente, car la chaleur ne saurait plus être considérée comme une sorte de fluide passant d'un corps sur un autre.

La vraie raison qui rend l'entropie quelque peu mystérieuse est que cette grandeur ne tombe directement sous aucun de nos sens, mais elle possède le véritable caractère des grandeurs physiques concrètes, puisqu'elle est, au moins en principe, parfaitement mesurable. Divers auteurs de recherches relatives à la thermodynamique, parmi lesquels il convient de citer particulièrement M. Mouret, se sont efforcés de mettre ce caractère en évidence.

Si l'on considère une transformation isothermique, on peut, au lieu de laisser la chaleur abandonnée par le corps qui subit la transformation, par exemple de l'eau à l'état de vapeur saturée qui se condense, s'écouler directement dans un calorimètre à glace, transmettre cette chaleur au calorimètre par l'intermédiaire d'une machine de Carnot réversible, la machine, qui aura absorbé cette quantité de chaleur, ne rendra à la glace qu'une quantité de chaleur plus faible et le poids de glace fondue, plus faible que celui qui aurait pu l'être directement, pourra servir de mesure à la transformation isothermique ainsi effectuée ; cette mesure, on le démontre aisément, est indépendante de l'appareil employé ; elle devient par conséquent un élément numérique caractéristique du corps considéré, c'est son entropie ; cette entropie ainsi définie est une variable qui, comme la pression et le volume, pourrait servir concurremment avec une autre, pression ou volume, à définir l'état du corps.

Il faut bien comprendre que cette variable peut changer d'une manière indépendante, qu'elle est, par exemple, distincte du changement de température ; distincte aussi du changement qui consiste en pertes ou gains de chaleur : par exemple, dans les réactions chimiques, l'entropie augmente sans que les corps empruntent de la chaleur ; quand un gaz parfait se détend dans le vide, son entropie augmente et cependant la température ne change pas, et le gaz n'a pu ni céder, ni emprunter de la chaleur.

L'on arrive ainsi à concevoir qu'un phénomène physique ne peut être considéré comme connu si l'on ne donne pas la variation d'entropie, comme on donne les variations de température et de pression ou les échanges de chaleur ; le changement d'entropie est, à proprement parler, le fait le plus caractéristique d'un changement thermique.

Il importe, toutefois, de remarquer que, si l'on peut ainsi définir aisément et mesurer la différence d'entropie entre deux états d'un même corps, la valeur trouvée dépend de l'état arbitrairement choisi pour repérer le zéro d'entropie; mais c'est là une difficulté peu sérieuse, analogue à celle qui se présente dans l'évolution d'autres grandeurs physiques, température, potentiel, etc.

Une difficulté plus grave provient de ce que l'on ne peut définir une différence, ou une égalité d'entropie, entre deux corps chimiquement différents ; on ne saurait, en effet, passer par aucun moyen, réversible ou non, de l'un à l'autre, tant que la transmutation de la matière sera regardée comme impossible; mais il est bien entendu que l'on peut néanmoins comparer les variations d'entropie que ces deux corps subissent individuellement l'un et l'autre.

Il ne faut pas non plus se dissimuler que la définition suppose, pour un même corps déterminé, la possibilité de passer d'un état à l'autre par une transformation réversible. La réversibilité est un cas limite idéal qui ne saurait être réalisé, mais dont on se rapproche indéfiniment dans beaucoup de circonstances : avec des gaz, des corps parfaitement élastiques, on effectue des transformations sensiblement réversibles, les changements d'état physique sont pratiquement réversibles; les découvertes de Sainte-Claire-Deville, ont fait rentrer beaucoup de phénomènes chimiques dans une catégorie semblable, et des actions, telle que la dissolution qui était autrefois le type d'un phénomène irréversible, peuvent souvent aujourd'hui être effectuées par voie sensiblement réversible.

Quoiqu'il en soit, une fois la définition admise, on arrive, en s'appuyant sur les principes posés au début, à démontrer le célèbre théorème de Clausius : l'entropie d'un système thermiquement isolé va sans cesse en croissant.

Il est bien évident que le théorème ne sera valablement applicable que dans le cas où l'entropie se pourra exactement définir, mais, même ainsi limité, le champ reste encore bien vaste et la moisson qu'on a pu y recueillir est fort belle.

L'entropie apparaît donc comme une grandeur mesurant, en quelque sorte, l'évolution d'un système, donnant tout au moins le sens de cette évolution; cette conséquence si importante n'avait certes pas échappé à Clausius, puisque le nom même d'entropie qu'il avait choisi pour désigner cette grandeur signifie lui-même évolution.

On est parvenu à la définir, cette entropie, en démontrant, comme il a été dit, un certain nombre de propositions qui découlent du postulat de Clausius; il est donc naturel de supposer que ce postulat contient lui-même, en puissance, l'idée même d'une évolution nécessaire des systèmes physiques; mais tel qu'il fut d'abord énoncé, il la contient d'une manière bien cachée.

Sans doute, on ferait apparaître le principe de Carnot sous un jour intéressant, en cherchant à dégager cette idée fondamentale, et en la mettant en quelque sorte en vedette. De même que, dans la géométrie élémentaire, on peut remplacer le postulatum d'Euclide par d'autres propositions équivalentes, de même le postulatum de la thermodynamique n'est pas obligatoirement fixé, et il est instructif de chercher à lui donner le caractère le plus général et le plus suggestif.

MM. Perrin et Langevin ont fait une heureuse tentative en ce sens; M. Perrin énonce le principe suivant: un système isolé ne passe jamais deux fois par le même état. Sous cette forme, le principe affirme qu'il existe un ordre nécessaire dans la succession de deux phénomènes ; l'évolution a lieu dans un sens déterminé. On peut dire si l'on préfère : de deux transformations inverses ne s'accompagnant d'aucun effet extérieur, une seule est possible; par exemple deux gaz peuvent se diffuser l'un dans l'autre à volume constant, mais ils ne sauraient inversement se séparer d'une façon spontanée.

Partant du principe ainsi posé, on déduit logiquement qu'on ne peut espérer construire une machine qui fonctionne indéfiniment en échauffant une source chaude et en refroidissant une source froide, on retombe ainsi dans la route tracée par Clausius et l'on peut continuer à partir de cette jonction à la suivre rigoureusement.

Quel que soit le point de vue adopté, que l'on envisage la proposition de M. Perrin comme un corollaire d'un autre postulatum expérimental ou qu'on la considère comme une vérité que l'on admet *a priori* et que l'on vérifie dans ses conséquences, on est amené à considérer que, dans son ensemble, le principe de Carnot se ramène à cette idée que l'on ne peut remonter le cours de la vie, que l'évolution d'un système doit suivre sa marche nécessaire.

Clausius et lord Kelvin ont tiré de ces considérations des conséquences bien connues sur l'évolution de l'Univers ; remarquant que l'entropie est une propriété additive de la matière, ils admettent qu'il y a dans le monde une entropie totale, et, comme tous les changements réels qui se produisent dans un système quelconque correspondent à une augmentation d'entropie, on peut dire que l'entropie du monde va constamment en augmentant.

Ainsi la quantité d'énergie qui existe dans l'Univers resterait constante, mais elle se tranformerait petit à petit en chaleur uniformément distribuée sous une température partout identique, il n'y aurait plus à la fin ni phénomène chimique, ni manifestation vitale : le monde existerait encore mais il serait sans mouvement, et, pour ainsi dire sans vie.

Ces conséquences sont, il faut l'avouer, fort douteuses ; on ne saurait, d'une façon sûre, appliquer à l'Univers, qui n'est pas un système fini, une proposition démontrée, et encore non sans réserves, dans le cas nettement limité d'un système fini. Et d'ailleurs H. Spencer a fait dans son livre des « *Premiers principes* » ressortir avec beaucoup de force cette idée que, même si l'Univers était fini, rien ne permettrait de conclure que, une fois au repos, il s'y maintiendrait indéfiniment. On peut admettre que l'état ou nous sommes a commencé à la fin d'une ancienne évolution et que la fin de l'ère actuelle marquera le début d'une ère nouvelle.

Pareil à un mobile élastique qui, lancé dans l'air, atteint petit à petit le sommet de sa course, possède alors une vitesse nulle, est un instant en équilibre, puis retombe, pour rebondir de nouveau lorsqu'il aura touché le sol, le monde subirait des oscillations grandioses qui l'amèneraient d'abord à un maximum d'entropie jusqu'au moment où se produirait une lente évolution en sens contraire qui le ramènerait vers l'état d'où il était parti et, ainsi de suite, dans l'infini du temps, sans arrêt véritable, se poursuivrait la vie de l'Univers.

Cette conception se trouve d'ailleurs en accord avec la manière dont certains physiciens envisagent le principe de Carnot, nous verrons, par exemple que dans la théorie cinétique, on est conduit à admettre qu'en attendant un temps suffisant, on peut assister au retour des divers états par lesquels une masse de gaz, par exemple, a passé dans la série de ses transformations.

Si l'on s'en tient à l'ère actuelle, l'évolution a un sens fixé, celui qui entraîne un accroissement d'entropie ; on peut chercher, dans un système déterminé, à quelles manifestations physiques correspond cet accroissement.

On constate que les formes cinétiques, potentielles, électriques, chimiques de l'énergie, ont une grande tendance à se transformer en énergie calorifique. Une réaction chimique, par exemple, dégage de l'énergie, mais si la réaction ne se produit pas dans des conditions très spéciales, cette énergie passe immédiatement à la forme calorifique, la chose est si vraie, que les chimistes parlent couramment de la chaleur dégagée par la réaction au lieu d'envisager l'énergie dégagée en général.

Dans toutes ces transformations, l'énergie calorifique obtenue n'a pas la même valeur, au point de vue pratique, que celle d'où l'on est parti ; on ne peut en effet, d'après le principe de Carnot, la transformer intégralement en énergie mécanique, puisque la chaleur que possède un corps ne saurait donner du travail qu'à la condition qu'on en fasse descendre une partie sur un corps à température plus basse.

Ainsi apparaît l'idée que les énergies, qui s'échangent et qui correspondent à des quantités égales, n'ont cependant pas la même valeur qualitative ; la forme à son importance, il y a des personnes qui préfèrent un louis d'or à quatre pièces de cinq francs.

Le principe de Carnot conduirait donc à envisager un certain classement des énergies et nous montrerait que, dans les transformations possibles, ces énergies tendent toujours vers une sorte de diminution de qualité, vers une *dégradation*.

Il réintroduirait ainsi un élément de différenciation dont il semble bien difficile de donner une explication mécanique; certains philosophes et certains physiciens voient dans ce fait une raison qui condamne *a priori* toutes les tentatives faites pour donner du principe de Carnot une explication mécanique.

Il convient cependant de ne pas exagérer l'importance que l'on doit attribuer à ce mot d'énergie dégradée. Si la chaleur ne vaut pas le travail, si la chaleur à 99° ne vaut pas la chaleur à 100°, cela veut dire que nous ne pouvons pas pratiquement construire une machine transformant toute cette chaleur en travail, ou que, pour une même source froide, le rendement est supérieur lorsque la température de la source chaude est plus élevée; mais s'il était possible que cette source froide eût-elle même la température du zéro absolu, toute la chaleur réapparaîtrait sous la forme de travail. Le cas ici envisagé est un cas limite idéal, on ne saurait naturellement l'atteindre, mais cette considération suffit pour faire comprendre que le classement des énergies est un peu arbitraire, dépend des conditions au milieu desquelles les hommes vivent, plutôt peut-être qu'il ne dépend de la nature intime des choses.

En fait, les essais qui souvent ont été faits pour ramener le principe à la mécanique n'ont pas donné des résultats probants, presque toujours il a fallu, en cours de route, introduire quelque nouvelle hypothèse, indépendante des hypothèses fondamentales de la mécanique ordinaire, et équivalente, en réalité, à l'un des postulats sur lesquels on fonde l'exposition ordinaire de la seconde loi de la thermodynamique.

Helmholtz, dans une théorie justement célèbre, a cherché à faire rentrer le principe de Carnot dans

le principe de la moindre action, mais les difficultés relatives à l'interprétation mécanique de l'irréversibilité des phénomènes physiques subsistent entières.

En envisageant cependant la question du point de vue où se placent les partisans des théories cinétiques de la matière, on aperçoit le principe sous un nouvel aspect. Gibbs, puis MM. Boltzmann et Planck ont émis à ce sujet des idées fort intéressantes; en suivant la voie qu'ils ont tracée, on arrive à considérer que le principe nous indique qu'un système donné tend vers la configuration qui présente la probabilité maxima; numériquement l'entropie serait même le logarithme de cette probabilité. Ainsi deux masses gazeuses différentes, enfermées dans deux récipients séparés que l'on vient à mettre en communication, diffusent l'une dans l'autre et il est hautement improbable que, dans leurs chocs mutuels, les deux sortes de molécules prennent une distribution de vitesses qui les ramènent à l'état initial par un phénomène spontané.

Il faudrait attendre bien longtemps un concours si extraordinaire de circonstances, mais, en toute rigueur, un tel concours ne serait pas impossible. Le principe ne serait qu'une loi de probabilité.

Cette probabilité est d'autant plus grande que le nombre des molécules est lui-même plus considérable, dans les phénomènes que l'on envisage d'habitude, ce nombre est tel que, pratiquement, la variation d'entropie dans un sens constant prend, pour ainsi dire, un caractère d'absolue certitude. Mais il peut être des cas exceptionnels où la complexité du système devient insuffisante pour que le principe de Carnot puisse être applicable ; ainsi dans le cas de ces mouvements si curieux des petites particules en suspension dans un liquide, connus sous le nom de mouvements browniens, que l'on observe au microscope, l'agitation paraît bien, comme l'a remarqué M. Gouy, se produire et s'entretenir indéfiniment en dehors de toute différence de température, et l'on semble ici assister au mouvement incessant, en milieu isotherme, des particules qui constituent la matière, mais peut-être se trouve-t-on déjà dans des conditions où la simplicité trop grande de la distribution des molécules enlève sa valeur au principe.

M. Lippmann a de même montré que, dans l'hypothèse cinétique, il est possible de construire des mécanismes tels que l'on puisse avoir prise sur les mouvements moléculaires de manière à leur emprunter de la force vive. Les mécanismes de M. Lippmann ne sont pas, comme le dispositif célèbre imaginé autrefois par Maxwell, purement hypothétiques, ils ne supposent pas une cloison percée d'un trou impossible à forer dans une matière où les espaces moléculaires seraient plus grands que ce trou lui-même ; ils ont des dimensions finies. Ainsi M. Lippmann considère un vase, plein d'oxygène, à température constante : à l'intérieur du vase, on dispose un petit anneau de cuivre et l'on place le tout dans un champ magnétique. Les molécules d'oxygène sont, on le sait, magnétiques, en traversant l'intérieur de l'anneau, elles produisent dans cet anneau un courant induit. Pendant ce temps, il est vrai, d'autres molécules sortent de l'espace entouré par le circuit, mais les deux effets ne se compensent pas, le courant résultant subsiste, il y a élévation de température du circuit d'après la loi de Joule et ce phénomène, dans de telles conditions, est incompatible avec le principe de Carnot.

On peut, et c'est là, je crois, la pensée de M. Lippmann, tirer de sa très ingénieuse critique une objection contre la théorie cinétique, si l'on admet la valeur absolue du principe; mais il est permis aussi de supposer qu'ici encore on se trouve en présence d'un système où les conditions imposées diminuent la complexité et rendent par suite moins probable que l'évolution se fasse toujours dans le même sens.

De quelque façon qu'on l'envisage, le principe de Carnot fournit, dans l'immense majorité des cas, un guide très sûr en qui les physiciens continuent à avoir la plus entière confiance.

§ 4. — LA THERMODYNAMIQUE

Pour appliquer les deux principes fondamentaux, on peut employer des méthodes diverses, équivalentes dans le fond, mais présentant, suivant les cas, une commodité plus ou moins grande.

En écrivant, à l'aide des deux quantités, énergie et entropie, les relations qui traduisent analytiquement les deux principes, on obtient deux relations entre les coefficients qui interviennent dans un phénomène déterminé; mais il peut être plus aisé et plus suggestif aussi d'employer diverses fonctions de ces quantités. Dans un mémoire, dont quelques extraits parurent dès 1869, un savant modeste, M. Massieu, avait en particulier indiqué une fonction remarquable qu'il nommait fonction caractéristique dont l'emploi simplifie en certains cas les calculs.

De même J.-W. Gibbs, en 1875 et 1878, puis Helmholtz, en 1882, et en France, M. Duhem, à partir de 1886, publièrent des travaux, mal compris d'abord, mais dont le retentissement fut, par la suite, considérable et où ils firent usage de fonctions analogues sous le nom d'énergie utilisable, énergie libre, ou potentiel thermodynamique interne. La grandeur ainsi désignée, attachée comme conséquence des deux principes à chaque état du système, est parfaitement déterminée lorsqu'on connaît la température et les autres variables normales; elle permet, par des calculs souvent très faciles, de fixer les conditions nécessaires et suffisantes pour que le système soit maintenu en équilibre par des corps étrangers pris à la même température que lui.

On peut espérer constituer ainsi, comme a cherché surtout à le faire, dans une longue et remarquable série de travaux, M. Duhem, une sorte de mécanique générale qui permette de traiter avec sûreté les questions de statique et de déterminer toutes les conditions d'équilibre du système, en y comprenant les propriétés calorifiques. Ainsi, la statique ordinaire nous apprend qu'un liquide surmonté de sa vapeur forme un système en équilibre si on applique aux deux fluides une pression qui dépend de la température seule; la thermodynamique nous fournira en outre l'expression de la chaleur de vaporisation et des chaleurs spécifiques des deux fluides saturés.

Cette nouvelle discipline a fourni aussi les plus précieux renseignements sur les fluides compressibles, sur la théorie de l'équilibre élastique; jointe à quelques hypothèses sur les phénomènes électriques ou magnétiques, elle donne un ensemble cohérent d'où l'on déduit les conditions d'équilibre électrique ou magnétique; elle éclaire d'une vive lueur les lois calorifiques des phénomènes électrolytiques.

Mais le triomphe le plus incontesté de cette statique thermodynamique est la découverte des lois qui régissent les changements d'état physique ou de constitution chimique. C'est J.-W. Gibbs qui est l'auteur de cet immense progrès; son Mémoire, aujourd'hui célèbre, sur « l'équilibre de substances hétérogènes », caché en 1876 dans un recueil alors peu répandu, d'une lecture assez difficile, semblait ne renfermer que des théorèmes d'algèbre difficilement applicables à la réalité. On sait qu'Helmholtz arrivait, indépendamment, à introduire, quelques années plus tard, la thermodynamique dans le domaine de la chimie par sa conception de la division de l'énergie en énergie libre et énergie liée; la première, capable de subir toutes les transformations et particulièrement de se transformer en travail extérieur, la seconde, au contraire, liée, ne se manifestant que par un dégagement de chaleur. Quand nous mesurons l'énergie chimique, nous la laissons d'ordinaire, tomber toute entière sous la forme calorifique, mais, dans la réalité, elle renferme elle-même les deux parties et c'est la variation de l'énergie libre, et non celle de l'énergie totale mesurée par le dégagement intégral de chaleur, dont le signe détermine le sens dans lequel s'effectuent les réactions.

Mais si le principe ainsi énoncé par Helmholtz, comme conséquence des lois de la thermodynamique, est, au fond, identique à celui qu'avait découvert Gibbs, il est d'une application plus difficile et se présente sous un aspect plus mystérieux.

Aussi ce ne fut que lorsque M. Van der Waals exhuma le Mémoire de Gibbs, lorsque de nombreux physiciens ou chimistes, hollandais pour la plupart, M. Van t'Hoff, M. Bakhuis Roozeboom, etc., utilisèrent les règles posées dans ce Mémoire, pour discuter les réactions chimiques les plus compliquées, que la portée des nouvelles lois fut parfaitement comprise.

La règle capitale à laquelle était arrivée Gibbs est la règle, si célèbre aujourd'hui, sous le nom de règle des phases. On sait que l'on désigne par phases les substances homogènes en lesquelles un système est partagé; ainsi le carbonate de chaux, la chaux, le gaz carbonique sont les trois phases d'un système dans lequel existe du spath d'Islande partiellement dissocié en chaux et gaz carbonique. Le nombre des phases, joint au nombre des composants indépendants, c'est-à-dire des corps dont la masse est laissée arbitraire par les formules chimiques des substances entrant en réaction, fixe la forme générale de la loi d'équilibre du système, c'est-à-dire le nombre de quantités qui, par leurs variations (température, pression) seraient de nature à modifier son équilibre (en modifiant la constitution des phases).

Divers auteurs, en particulier M. Raveau, ont

donné, il est vrai, des démonstrations très simples de la loi qui ne s'appuient plus sur la thermodynamique, mais la thermodynamique, qui avait conduit à sa découverte continue à lui donner sa véritable portée; elle ne suffirait pas seule d'ailleurs à déterminer quantitativement les lois dont elle fait connaître la forme générale; il faut, si l'on veut pénétrer plus profondément dans le détail, particulariser les hypothèses, admettre, par exemple, avec Gibbs que l'on a affaire à des gaz parfaits, et, grâce à la thermodynamique, on constitue une théorie complète de la dissociation qui conduit à des formules en accord parfait avec les résultats numériques de l'expérience. On peut ainsi serrer de près toutes les questions qui concernent les déplacements de l'équilibre, et trouver une relation capitale entre les masses des corps qui réagissent pour constituer un système en équilibre.

La statique, ainsi édifiée, constitue aujourd'hui un important édifice désormais classé parmi les monuments historiques. Quelques théoriciens ont voulu faire mieux encore, ils se sont efforcés d'aborder, avec les mêmes moyens, l'étude plus complète de systèmes dont l'état change d'un instant à l'autre; c'est d'ailleurs une étude qui est nécessaire pour compléter d'une façon satisfaisante l'étude même de l'équilibre car, sans elle, des doutes graves subsisteraient sur les conditions de stabilité, et elle peut seule donner leur véritable sens aux questions relatives aux déplacements d'équilibre.

Les problèmes que l'on rencontre ainsi sont singulièrement difficiles. M. Duhem a donné de beaux et nombreux exemples de la fécondité de la méthode; mais si la statique thermodynamique peut être considérée comme définitivement fondée, on ne saurait dire que la dynamique générale des systèmes, considérée comme l'étude des mouvements et des variations thermiques, soit encore aussi solidement établie.

§ 5. — L'ATOMISME

Il pourra paraître singulièrement paradoxal que, dans un chapitre consacré à des aperçus généraux sur les principes de la physique, on vienne introduire quelques mots sur les théories atomiques de la matière.

On oppose, en effet, très souvent, ce que l'on appelle la physique des principes aux hypothèses sur la constitution de la matière, aux théories atomistiques en particulier. Nous avons déjà dit que, renonçant à scruter l'insondable mystère de la constitution de l'Univers, certains physiciens pensent trouver, dans quelques principes généraux, des guides suffisants pour les conduire à travers le monde physique; mais nous avons dit aussi, en examinant l'histoire de ces principes, que si on les considère aujourd'hui comme des vérités expérimentales, indépendantes de toutes les théories relatives à la matière, ils avaient, en fait, été découverts presque tous par des savants qui s'appuyaient sur des hypothèses moléculaires.

Et la question se pose de déterminer s'il y a là un simple hasard, ou si, plutôt, ce hasard ne serait pas commandé par des raisons supérieures.

Dans un livre très profond, paru il y a quelques années et intitulé « *Essai critique sur l'hypothèse des atomes* » un philosophe, doublé d'un savant érudit, M. Hannequin, a examiné le rôle que joue l'atomisme dans l'histoire de la science. Il constate qu'atomisme et science naquirent en Grèce du même problème, que, dans les temps modernes, la renaissance de l'une fut intimement liée à la renaissance de l'autre; il fait, dans une analyse très serrée, voir que l'hypothèse atomistique est essentielle à l'optique de Fresnel et de Cauchy, qu'elle pénètre dans l'étude de la chaleur, que, dans ses traits généraux, elle préside à la naissance de la chimie moderne et se trouve dans tous ses progrès. Il en conclut qu'elle est, en quelque sorte, l'âme de notre science de la nature et que les théories contemporaines sont, sur ce point, d'accord avec l'histoire : elles consacrent la prépondérance de cette hypothèse dans le domaine scientifique.

Si M. Hannequin n'avait pas été enlevé prématurément en plein épanouissement de son vigoureux talent, il aurait pu ajouter à son beau livre un nouveau chapitre; il aurait assisté à une poussée prodigieuse des idées atomistiques, accompagnée, il est vrai, de profondes modifications dans la manière dont l'atome doit être considéré, puisque les théories les plus récentes font des atomes matériels des centres constitués par des atomes d'électricité.

Mais il aurait trouvé néanmoins dans l'éclosion de ces nouvelles doctrines une preuve de plus à l'appui de son idée que la science est liée à l'atomisme d'une manière indissoluble.

Au point de vue philosophique, M. Hannequin, examinant les raisons qui ont pu forger ces liens, arrive à penser qu'elles proviennent nécessairement de la constitution de notre connaissance ou peut-être de celle de la nature elle-même.

D'ailleurs, cette origine, double en apparence, est unique au fond ; notre esprit ne saurait en effet se dégager et sortir de lui-même pour saisir la réalité et l'absolu de la nature ; selon la pensée de Descartes, c'est la destinée de notre esprit, de ne saisir et de ne comprendre que ce qui vient de lui. Ainsi l'atomisme, qui n'est peut-être qu'une apparence, enveloppant même des contradictions, est cependant une apparence bien fondée, puisqu'elle est conforme aux lois de notre esprit ; et cette hypothèse est, en quelque sorte, nécessaire.

On peut discuter les conclusions de M. Hannequin, mais personne ne refusera d'admettre avec lui que les théories atomiques occupent une place prépondérante dans les doctrines physiques, et, cette place, qu'elles ont ainsi conquise, leur donne, en quelque sorte, le droit de dire qu'elles s'appuient sur un véritable principe ; c'est pour reconnaître ce droit que divers physiciens, M. Langevin, par exemple, demandent que l'on fasse passer les atomes du rang des hypothèses à celui des principes. Ils entendent par là que les idées atomistiques, imposées par une induction presque obligatoire qui s'appuie sur des expériences très précises, permettent de coordonner un ensemble considérable de faits, de construire une synthèse très générale, de prévoir un grand nombre de phénomènes.

Il importe d'ailleurs de bien comprendre que l'atomisme ne suppose pas nécessairement l'hypothèse des centres d'attraction agissant à distance, et il ne faut pas le confondre avec la physique moléculaire qui a subi, elle, au contraire, les plus graves échecs. Cette physique, très en faveur il y a une cinquantaine d'années, conduit à des représentations si complexes, à des solutions souvent si indéterminées, que les plus courageux se sont lassés de la soutenir et qu'elle est un peu tombée dans le discrédit. Elle s'appuyait sur les principes fondamentaux de la mécanique appliquée aux actions moléculaires; et c'était là, sans doute, une extension assez illégitime, car la mécanique n'est elle-même qu'une science expérimentale, et ses principes établis pour les mouvements de la matière prise en masse, ne doivent pas être appliqués hors du domaine qui leur est propre.

L'atomisme tend, de plus en plus, dans les théories modernes, à imiter le principe de la conservation de l'énergie ou celui de l'entropie, à se dégager des liens artificiels qui l'attachaient à la mécanique, à se poser en principe indépendant.

Les idées atomistiques ont donc, elles aussi, évolué, et cette évolution lente s'est considérablement accélérée sous l'influence des découvertes modernes.

Elles remontent à la plus haute antiquité et il faudrait, pour en suivre le développement, écrire l'histoire de la pensée humaine qu'elles ont accompagnée depuis Leucippe, Démocrite, Épicure et Lucrèce.

Les premiers observateurs qui ont remarqué que l'on peut diminuer le volume d'un corps par compression ou refroidissement, l'augmenter par échauffement, qui ont vu un corps solide soluble se mêler intimement à l'eau qui le dissout, ont dû, presque obligatoirement, supposer que la matière n'est pas répandue d'une façon continue dans l'espace qu'elle semble occuper; ils ont été ainsi amenés à la supposer discontinue et à admettre qu'une substance, ayant même composition, mêmes propriétés dans toutes ses parties, en un mot parfaitement homogène, cesse cependant de présenter cette homogénéité, lorsqu'on la considère sous un volume suffisamment petit.

Les expérimentateurs modernes ont réussi à mettre en évidence, par des expériences directes, ce caractère hétérogène de la matière prise en petite masse. Ainsi, par exemple, la tension superficielle qui est constante pour un même liquide à température donnée ne conserve plus la même valeur lorsque l'épaisseur d'une lame liquide devient extrêmement petite. Newton avait déjà remarqué qu'on voit se former sur une bulle de savon, au moment où elle est devenue si mince qu'elle va éclater, une zone obscure; MM. Reinold et Rucker ont montré que cette zone n'est plus exactement sphérique et l'on doit conclure de là que la tension superficielle, constante pour toutes les épaisseurs supérieures à une certaine limite, commence à varier quand l'épaisseur tombe au-dessous de cette valeur critique que MM. Reinold et Rucker évaluent, par des considérations optiques, à environ cinquante millionièmes de millimètre.

Par d'autres expériences sur la capillarité, M. Quincke est arrivé à des résultats semblables au sujet de couches solides. Mais ce ne sont pas seulement les propriétés capillaires qui permettent de déceler ce caractère; toutes les propriétés d'un corps sont modifiées lorsqu'on le prend en petite masse; M. Meslin le prouve d'une façon fort ingénieuse pour des propriétés optiques, M. Vincent pour la conductibilité électrique ; M. Houllevigue, qui, dans un chapitre de son beau livre : « *Du Laboratoire à l'Usine* » a très clairement exposé les considérations les plus intéressantes sur les hypothèses atomiques, a récemment démontré que le cuivre et l'argent cessent de se combiner avec l'iode dès qu'ils se présentent sous une épaisseur de trente millionièmes de millimètre ; c'est aussi cette même dimension que possèdent, d'après M. Wiener, les plus faibles épaisseurs d'argent qu'il soit possible de déposer sur le verre ; couches si minces d'ailleurs, qu'on ne saurait les apercevoir, mais dont la présence est révélée par un changement dans les propriétés de la lumière réfléchie.

Ainsi, au-dessous de cinquante à trente millionièmes de millimètre d'épaisseur, les propriétés de la matière dépendent de son épaisseur ; on ne doit plus, sans doute, rencontrer alors que quelques molécules, et l'on peut, conclure, par suite, que les éléments discontinus des corps, les molécules, ont des dimensions linéaires de l'ordre de grandeur du millionième de millimètre.

Des considérations relatives à des phénomènes plus complexes, par exemple, aux phénomènes d'électricité de contact, ainsi que la théorie cinétique des gaz, amènent à la même conclusion.

L'idée de la discontinuité de la matière s'impose d'ailleurs pour beaucoup d'autres raisons ; toute la chimie moderne est fondée sur ce principe ; des lois, comme la loi des proportions multiples, introduisent une discontinuité évidente que l'on retrouve semblable dans la loi de l'électrolyse.

Les éléments des corps que l'on est ainsi amené à envisager pourraient, dans les solides tout au moins, être considérés comme immobiles; mais cette immobilité ne saurait expliquer les phénomènes de la chaleur et, comme elle est entièrement inadmissible pour les gaz, il apparaît peu vraisemblable qu'elle puisse se rencontrer absolue sous aucun état.

On est ainsi conduit à supposer que ces éléments sont animés de mouvements très compliqués, chacun d'eux parcourant des trajectoires fermées, que les moindres variations de température ou de pression viennent modifier.

Peut-être un avenir prochain apportera-t-il sur ces mouvements les plus précieux renseignements.

Dans le cas des liquides les mouvements Browniens qu'on observe au microscope paraissent bien dûs aux chocs non coordonnés des molécules et les travaux les plus récents, par exemple ceux de M. Einstein confirment cette hypothèse. Les nouveaux procédés d'observation des objets ultra-microscopiques (1) permettent presque d'affirmer la

1. Cette méthode extrêmement simple a été imaginée par MM. Sidentopf et Zsygmondy.

On sait que le microscope le plus perfectionné ne pourrait pas, à cause des phénomènes de diffraction, permettre d'étudier des objets dont la dimension serait inférieure à un tiers de millième de millimètre. Mais, de même que l'on voit les grains de poussière vivement éclairés par un rayon de soleil quand on a soin de ne pas observer dans la direction même du rayon et de se placer de façon à recevoir les rayons diffusés par les grains, de même, si on éclaire vivement un objet placé sur la platine du microscope et si l'on s'arrange pour que toute la lumière qui n'est pas renvoyée latéralement ne pénètre pas dans l'objectif, on observera des petits objets jusqu'ici insoupçonnés qui se détacheront brillants sur un fond obscur et qui pourront n'avoir qu'un trois millionième de millimètre.

MM. Cotton et Mouton qui ont perfectionné la méthode ont

discontinuité de la matière et de constater qu'elle possède une structure granuleuse.

L'hypothèse atomistique se montre particulièrement féconde dans l'étude des phénomènes qui se produisent au sein des gaz, ici l'indépendance mutuelle des particules rend la question relativement plus simple et permet peut-être d'étendre avec plus de sûreté les principes de la mécanique ordinaire aux mouvements des molécules.

La théorie cinétique des gaz compte à son actif des succès très incontestables, et l'idée de Daniel Bernouilli qui, dès 1738, considérait une masse gazeuse comme formée d'un nombre considérable de molécules animées de mouvements rapides de translation a été mise sous une forme assez précise pour que l'analyse mathématique la puisse atteindre et l'on s'est ainsi trouvé en mesure de construire un ensemble très cohérent.

On conçoit immédiatement, dans cette hypothèse, que la pression est la résultante des chocs des molécules contre les parois et l'on arrive immédiatement à démontrer que la loi de Mariotte est une conséquence naturelle de cette origine de la pression, puisque, si le volume occupé par un certain nombre de molécules vient à doubler, le nombre des chocs par seconde sur chaque centimètre carré des parois devient deux fois moindre; mais si l'on veut aller plus loin, on se trouve en présence d'une très sérieuse difficulté : il est impossible de suivre par la pensée chacune des

ainsi obtenu divers résultats très importants relativement à un certain nombre de questions de physique, de chimie et de biologie.

nombreuses molécules individuelles qui composent une masse gazeuse même très limitée, le chemin que suit une molécule peut se trouver, à chaque instant, modifié par le hasard d'une rencontre avec une autre, par un choc qui la peut faire rebondir dans une nouvelle direction.

La difficulté serait insoluble, si le hasard lui-même n'avait pas ses lois. C'est Maxwell, le premier, qui pensa à introduire dans la théorie cinétique le calcul des probabilités ; W. Gibbs et M. Boltzmann ont développé depuis cette idée, et ont fondé une méthode statistique qui ne comporte peut-être pas une certitude absolue, mais qui est certainement des plus intéressantes et des plus curieuses.

On réunit les molécules en groupes tels que celles qui appartiennent au même groupe puissent être considérées comme ayant le même état de mouvement, cela fait, on examine quel peut être le nombre des molécules qui se trouvent dans chaque groupe et quels sont les changements de ce nombre d'un instant à l'autre, il est ainsi souvent possible de déterminer la part que les différents groupes ont dans les propriétés d'ensemble du système et dans les phénomènes qui se peuvent produire.

Une telle méthode, analogue à celle qu'emploient les statisticiens pour suivre les phénomènes sociaux dans une population, est d'autant plus légitime que le nombre des individus englobés dans les moyennes est plus considérable ; or, le nombre des molécules contenus dans un espace restreint, par exemple dans un centimètre cube pris dans les conditions normales est tel, qu'aucune population ne saurait jamais atteindre un chiffre aussi élevé

Toutes les considérations, aussi bien celles que nous avons indiquées, que d'autres que l'on pourrait encore invoquer (par exemple les récentes recherches de M. Spring sur la limite de visibilité de la fluorescence) amènent à ce résultat qu'il y a, dans cet espace, quelque vingt millions de milliards de molécules ; chacune d'elles doit, sur un espace d'un millimètre, recevoir environ dix mille chocs, être dix mille fois détournée de sa route. Le libre parcours de la molécule est donc bien petit, mais on peut le rendre singulièrement plus grand en diminuant le nombre de ces molécules ; Tait et Dewar calculaient que, dans un bon vide moderne, la longueur du libre parcours des molécules résiduelles, qui n'avaient pas été enlevées par la machine à vide, atteint aisément quelques centimètres.

En développant la théorie, on arrive à considérer que, pour une température donnée, toutes les molécules (et même toute particule individuelle atome ou ion) qui prend part au mouvement a, en moyenne, dans chaque corps la même énergie cinétique, et que cette énergie est proportionnelle à la température absolue, de sorte qu'elle est représentée par cette température multipliée par une constante qui est une constante universelle.

Ce résultat n'est pas une hypothèse mais une probabilité très grande, la probabilité augmente encore lorsque l'on constate que l'on retrouve la même valeur de la constante par l'étude de phénomènes très variés; par exemple dans certaines théories sur le rayonnement.

Connaissant la masse et l'énergie d'une molécule,

on peut calculer aisément sa vitesse ; on trouve que la vitesse moyenne est environ de 400 mètres à la seconde pour l'anhydride carbonique, 500 pour l'azote, 1850 pour l'hydrogène pris à zéro degré et à la pression ordinaire. Nous aurons occasion, plus loin, de parler de vitesses beaucoup plus considérables dont sont animées d'autres particules.

La théorie cinétique a permis d'expliquer la diffusion des gaz, de calculer les diverses circonstances du phénomène, de montrer, par exemple, comme l'a fait M. Brillouin que le coefficient de diffusion de deux gaz ne doit pas dépendre de la proportion des gaz dans le mélange ; elle donne une image très saisissante des phénomènes de viscosité et de conductibilité, elle conduit à penser que les coefficients de frottement et de conductibilité sont indépendants de la densité ; et toutes ces prévisions ont éte vérifiées par l'expérience. Elle s'introduit en optique : en s'appuyant en outre sur le principe de Doppler, M. Michelson a su en tirer une explication de la longueur que présentent les raies spectrales même des gaz les plus raréfiés.

Mais quelque intéressants que fussent ces résultats, ils n'auraient pas suffi à vaincre la répugnance de certains physiciens pour des spéculations qui, malgré un appareil mathématique imposant, leur semblaient par trop hypothétiques d'ailleurs la théorie s'arrêtait à la molécule et paraissait ne suggérer aucune idée qui pût conduire à trouver la clef des phénomènes où les molécules s'influencent mutuellement ; aussi l'hypothèse cinétique était-elle restée assez en défaveur, particulièrement en France auprès d'un grand nombre de personnes, jusqu'à ces dernières années où toutes les découvertes récentes sur la conductibilité des gaz et les nouvelles radiations vinrent lui procurer une floraison nouvelle et luxuriante ; l'on peut dire qu'aujourd'hui la synthèse atomistique hier encore si décriée est vraiment triomphante.

Les éléments qui interviennent dans la théorie cinétique ancienne et que l'on devrait, pour éviter les confusions, désigner toujours sous le nom de molécules, n'étaient pas, à vrai dire, aux yeux des chimistes le terme ultime de la divisibilité de la matière ; on sait que, pour eux, sauf dans quelques corps particuliers comme la vapeur de mercure ou comme l'argon, la molécule renferme plusieurs atomes, et que, dans les corps composés, le nombre de ces atomes peut même être assez considérable ; mais les physiciens avaient rarement besoin d'avoir recours à la considération de ces atomes, ils en parlaient pour expliquer certaines particularités de la propagation du son, pour énoncer des lois relatives aux chaleurs spécifiques, mais, en général, ils s'arrêtaient à la considération de la molécule.

Les théories actuelles poussent la division bien plus loin encore. Nous n'insisterons pas en ce moment sur ces théories ; pour les bien comprendre, il convient d'avoir examiné beaucoup d'autres faits, mais pour éviter toute confusion, il restera entendu que, contrairement sans doute à l'etymologie, mais conformément à l'habitude actuelle, on continuera, dans tout ce qui suivra, à appeler atomes, ces particules de matière dont il a été parlé jusqu'à présent ; ces atomes étant eux-mêmes, d'après les vues modernes, des édifices singulièrement complexes, constitués avec des éléments dont on aura plus loin occasion d'indiquer la nature.

CHAPITRE IV

Les divers états de la Matière.

§ 1. — LA STATIQUE DES FLUIDES

La division des corps, en corps gazeux, liquides et solides et la distinction que l'on établit, pour une même substance, entre les trois états gazeux, liquide ou solide conservent une grande importance pour les applications et les usages de la vie journalière, mais ont perdu, depuis longtemps déjà, leur valeur absolue au point de vue scientifique.

En ce qui concerne particulièrement les états liquides et gazeux, les recherches déjà anciennes d'Andrews sont venues confirmer les idées de Cagnard de la Tour et établir la continuité de ces deux états; il s'est ainsi constitué dans la physique un ensemble d'études, sur ce qu'on peut appeler la statique des fluides, où l'on examine les relations qui existent entre la pression, le volume, et la température des corps, et où l'on comprend, sous le nom de fluide, aussi bien les gaz que les liquides.

Ces recherches méritent l'attention par leur intérêt et la généralité des résultats auquelles elles ont conduit; elles donnent d'ailleurs un exemple remarquable des heureux effets que l'on peut obtenir par l'emploi combiné des diverses méthodes d'investigation qui peuvent être employées pour explorer le domaine de la nature. La thermodynamique a, en effet, permis d'obtenir des relations numériques entre les divers coefficients, les hypothèses atomistiques ont conduit à établir une relation capitale, l'équation caractéristique des fluides, et, d'autre part, l'expérience, utilisant les progrès accomplis dans l'art des mesures, a fourni les plus précieux renseignements sur l'ensemble des lois de compressibilité et de dilatation.

Le travail classique d'Andrews n'était pas très étendu, Andrews s'était peu écarté des pressions voisines de la pression normale et des températures ordinaires. En ces dernières années, divers cas particuliers fort intéressants ont été examinés par M. Cailletet, M. Mathias, M. Batelli, M. Leduc, M. P. Chappuis et d'autres physiciens; Sir W. Ramsay et M. S. Young ont fait connaître les réseaux d'isothermes relatifs à un certain nombre de corps liquides à la température ordinaire; ils ont pu ainsi, tout en restant dans des limites assez restreintes de température et de pression, aborder les questions les plus importantes puisqu'ils se trouvaient dans la région de la courbe de saturation et du point critique.

Mais l'ensemble le plus complet et le plus systématique de recherches est dû à M. Amagat, qui a entrepris l'étude d'un certain nombre de corps, liquides et gaz, en étendant le champ de ses expériences de façon à embrasser les différentes phases des phénomènes et à pouvoir comparer entre eux, non seulement les résultats relatifs aux mêmes corps mais encore ceux qui concernent des corps différents se trouvant dans les mêmes conditions de température et de pression, mais dans des conditions très dissemblables par rapport à leurs points critiques.

Au point de vue expérimental M. Amagat a su, avec une extrême habileté, vaincre les plus graves difficultés ; il est parvenu à mesurer avec précision des pressions atteignant jusqu'à 3,000 atmosphères, et aussi les volumes très petits qu'occupe alors la masse fluide considérée. Cette dernière mesure, qui entraîne de nombreuses corrections, est même la partie la plus délicate.

Les recherches ont porté sur un certain nombre de corps, celles relatives à l'acide carbonique et à l'éthylène englobent le point critique ; d'autres, sur l'hydrogène et l'azote par exemple, sont très étendues ; d'autres enfin, telles que l'étude de la compressibilité de l'eau, ont un intérêt spécial à cause des propriétés particulières de cette substance.

M. Amagat a pu, par une discussion très serrée des expériences, établir d'une façon définitive, les lois de compressibilité, de dilatation sous pression constante des fluides et déterminer la valeur des divers coefficients ainsi que leurs variations.

Tous ces résultats doivent pouvoir se condenser en une formule unique qui représente la relation qui existe entre le volume, la température et la pression ; déjà Rankine, puis Recknagel, puis Hirn avaient proposé de telles formules, mais la plus célèbre, celle qui, la première, parût contenir d'une façon satisfaisante, tous les faits que l'expérience avait permis de trouver et qui conduisit à en prévoir beaucoup d'autres, est la célèbre équation de Van der Waals.

M. Van der Waals est arrivé à cette relation en s'appuyant sur des considérations empruntées à la théorie cinétique des gaz. Si l'on s'en tient à l'idée simple qui est à la base de cette théorie, on démontre immédiatement que le gaz devrait obéir aux lois de Mariotte et de Gay Lussac, de sorte que l'équation caractéristique s'obtiendrait en écrivant que le produit du nombre qui mesure le volume par celui qui mesure la pression est égal à un coefficient constant multiplié par la valeur de la température absolue. Mais, pour arriver à ce résultat, on néglige deux facteurs importants.

On ne tient pas compte en effet de l'attraction que les molécules doivent exercer les unes sur les autres ; or, cette attraction, qui n'est jamais nulle, peut devenir considérable lorsque les molécules sont plus rapprochées, c'est-à-dire lorsque la masse gazeuse comprimée occupe un volume de plus en plus restreint.

D'autre part, on assimile, comme première approximation, les molécules à des points matériels sans dimensions ; dans l'évaluation du chemin parcouru par chaque molécule, on ne se préoccupe pas de ce fait que, au moment du choc, leurs centres de gravité sont encore séparés par une distance égale au double du rayon moléculaire.

M. Van der Waals a cherché quelles modifications il fallait apporter à l'équation caractéristique simple pour mieux se rapprocher de la réalité ; il étend, au cas des gaz, les considérations par lesquelles Laplace a réduit, dans sa célèbre théorie de la capillarité, l'effet de l'attraction moléculaire à une pression normale exercée sur la surface d'un liquide, il est ainsi amené à ajouter à la pression extérieure une pression due aux attractions réciproques des particules gazeuses ; d'autre part, lorsque l'on attribue à ces particules des dimensions finies, on doit donner une valeur plus élevée au nombre des chocs qui se produisent dans un temps donné, puisque ces dimensions ont pour effet de diminuer le chemin moyen qu'elles parcourent dans le temps qui s'écoule entre deux chocs consécutifs.

Le calcul ainsi dirigé conduit à ajouter à la pression, dans l'équation simple, un terme, que l'on désigne sous le nom de pression interne et qui est le quotient d'une constante par le carré du volume, et à retrancher du volume une quantité constante qui est le quadruple du volume total et invariable qu'occuperaient les molécules gazeuses si elles étaient amenées à se toucher les unes les autres.

Les expériences sont assez bien d'accord avec la formule de Van der Waals, mais cependant des écarts notables se produisent lorsque l'on étend les limites, particulièrement lorsque les pressions sont considérées dans un intervalle un peu plus étendu, aussi d'autres formules plus complexes, sur lesquelles il n'est pas utile d'insister, ont-elles été proposées qui, en certains cas, représentent mieux les faits.

Mais le résultat le plus remarquable trouvé par M. Van der Waals est la découverte des états correspondants. Depuis longtemps les physiciens parlaient de corps pris dans un état comparable; Dalton, par exemple, faisait remarquer que les liquides ont des pressions de vapeur égales à des températures également éloignées de leur point d'ébullition; mais si, pour cette propriété particulière, les liquides étaient comparables dans ces conditions de température, pour d'autres propriétés, le parallélisme ne se trouvait plus vérifié. Aucune règle générale n'avait été trouvée lorsque M. Van der Waals, le premier, énonça une loi capitale : si la pression, le volume et la température sont estimés en prenant pour unités les quantités critiques, les constantes spéciales à chaque corps disparaissent dans l'équation caractéristique, qui devient ainsi la même pour tous les fluides.

Les mots, états correspondants, prennent donc une signification parfaitement précise : les états correspondants sont ceux pour lesquels les valeurs numériques de la pression, du volume et de la température, exprimées en prenant pour unités les valeurs correspondantes au point critique, sont égales et, sous des états correspondants, deux fluides quelconques ont exactement les mêmes propriétés.

M. Natanson, puis P. Curie et M. Meslin, ont fait voir, par des considérations diverses, qu'on arrive au même résultat en choisissant des unités qui se rapportent à des états correspondants quelconques ; on a montré aussi que le théorème des états correspondants ne suppose nullement l'exactitude de la formule de Van der Waals ; en réalité, il tient simplement à ce que l'équation caractéristique ne renferme que trois constantes.

L'importance philosophique et l'intérêt pratique

de la découverte restent néanmoins considérables ; comme il était à prévoir, de nombreux expérimentateurs ont cherché si ces conséquences se vérifiaient bien dans la réalité. M. Amagat, particulièrement, a employé à cet effet une méthode des plus originales et des plus simples. Il remarque que, dans toute sa généralité, la loi peut se traduire ainsi : si les réseaux d'isothermes de deux substances sont construits à une même échelle en prenant pour unité de volume et de pression les valeurs des constantes critiques, les deux réseaux devront coïncider, c'est-à-dire que leurs superpositions présenteront l'aspect d'un réseau relatif à une seule substance. Par suite, si l'on possède les réseaux de deux corps, tracés avec des échelles quelconques rapportées également à des unités quelconques, comme les changements d'unités reviennent à changer l'échelle des axes, on devra rendre l'un des réseaux semblable à l'autre par un allongement ou une diminution suivant l'un des axes. M. Amagat photographie alors deux réseaux d'isothermes, il en laisse un fixe, l'autre, au contraire, peut tourner autour de chacun des axes de coordonnées, et, en projetant en lumière parallèle le second sur le premier par transparence, il arrive à une coïncidence presque complète dans certains cas.

Ce moyen mécanique dispense ainsi de calculs laborieux, mais sa sensibilité est inégalement répartie dans les différentes régions des réseaux. M. Raveau a indiqué un moyen également simple pour procéder à la vérification de la loi en remarquant que si l'on prend pour coordonnées les logarithmes de la pression et du volume, les coordonnées de deux points correspondants diffèrent de deux quantités constantes et les courbes correspondantes sont identiques.

De ces comparaisons et d'autres recherches importantes, parmi lesquelles on doit particulièrement citer celles de M. S. Young et celles de M. Mathias, il résulte que les lois des états correspondants n'ont malheureusement pas le degré de généralité qu'on leur avait attribué tout d'abord, mais qu'elles sont fort bien vérifiées lorsqu'on les applique à des groupes de corps.

Si, dans l'étude de la statique d'un fluide unique, les résultats expérimentaux sont déjà complexes, on doit s'attendre à des difficultés plus grandes encore lorsqu'il s'agira de mélanges; le problème a cependant été abordé et bien des points sont dès à présent éclaircis.

On peut d'abord envisager les fluides mêlés comme composés d'un grand nombre de particules invariables ; dans ce cas, particulièrement simple, M. Van der Waals a établi une équation caractéristique des mélanges, fondée sur des considérations mécaniques ; diverses vérifications de cette formule ont été effectuées, elle a été en particulier l'objet de remarques fort importantes de la part de M. Daniel Berthelot.

Il est intéressant de remarquer que la thermodynamique paraît impuissante à déterminer cette équation car elle ne s'occupe pas de la nature des corps qui obéissent à ses lois ; mais elle intervient, en revanche, pour déterminer les propriétés des phases coexistantes. Si l'on examine les conditions d'équilibre d'un mélange qui n'est pas soumis à des forces extérieures, on démontre que la distribution doit se ramener à une juxtaposition de phases homogènes ; dans un volume donné, la matière doit s'arranger de telle sorte que la somme totale de l'énergie libre ait une valeur minima. On est ainsi amené à envisager, pour élucider toutes les questions relatives au nombre et aux qualités des phases dans lesquelles la substance se divisera, une certaine surface géométrique qui, pour une température donnée, représente l'énergie libre.

On ne saurait entrer ici dans le détail des questions qui se rattachent aux théories de Gibbs et qui ont été l'objet de nombreux travaux théoriques et aussi d'une série de plus en plus abondante de recherches expérimentales. M. Duhem, particulièrement, a publié, sur le sujet, des mémoires de la plus haute importance, et un grand nombre d'expérimentateurs, hollandais pour la plupart, travaillant dans le laboratoire de physique de Leyde sous l'impulsion du directeur M. Kamerling Ones, ont cherché à vérifier les prévisions de la théorie.

On est un peu moins avancé en ce qui concerne les substances anormales, c'est-à-dire celles qui sont composées de molécules en parties simples et en parties complexes, dissociées ou associées ; ces cas doivent naturellement être régis par des lois fort complexes, des recherches récentes de MM. Van der Waals, Alexeïf, Rothmund, Kuenen, Lehfeld, etc., jettent cependant quelque lumière sur la question.

Les applications, chaque jour plus nombreuses,

des lois des états correspondants ont rendu fort importante la détermination des constantes critiques qui permettent de définir ces états.

Dans le cas des corps homogènes les éléments critiques ont un sens simple, clair et précis; la température critique est la température de l'isotherme unique qui présente un point d'inflexion à tangente horizontale, la pression critique et le volume critique sont les deux coordonnées de ce point d'inflexion.

On peut déterminer, comme l'ont fait M. S. Young et M. Amagat, les trois constantes critiques, par une méthode directe reposant sur la considération des états saturés ; on peut aussi obtenir des résultats, peut-être plus précis, si l'on ne tient qu'à deux ou même à une seule constante, par exemple la température, en employant diverses méthodes spéciales; c'est ce qu'ont fait, entre autres, MM. Cailletet et Colardeau, M. Young, M. J. Chappuis, etc.

Le cas des mélanges est singulièrement plus compliqué : un mélange binaire a un *espace critique* au lieu d'un point critique, cet espace est compris entre deux températures extrêmes, correspondant, la plus basse à ce que l'on appelle le point de plissement, la plus élevée au point que l'on désigne sous le nom de point de contact du mélange. Entre ces deux températures, une compression isotherme donne une quantité de liquide qui augmente d'abord, passe par un maximum, diminue, puis disparaît ; c'est le phénomène de la condensation rétrograde.

On peut dire que les propriétés du point critique d'une substance homogène sont en quelque sorte partagées, lorsqu'il s'agit d'un mélange binaire, entre les deux points dont il vient d'être parlé.

Le calcul avait permis à M. Van der Waals, par l'application de ses théories cinétiques, et à M. Duhem, par le moyen de la thermodynamique, de prévoir la plupart des résultats qui ont été vérifiés par l'expérience. Tous ces faits ont été admirablement exposés et systématiquement coordonnés par M. Mathias qui, par ses recherches personnelles, a d'ailleurs apporté une contribution de premier ordre à l'étude des questions concernant la continuité des états liquides et gazeux.

La connaissance plus précise des éléments critiques a permis d'examiner de plus près les lois des états correspondants dans le cas des substances homogènes ; on est ainsi arrivé à montrer, comme nous l'avons déjà dit, qu'il faut ranger les corps en groupes et ce fait prouve clairement que les propriétés d'un fluide donné ne sont pas déterminées par ses seules constantes critiques et qu'il est nécessaire d'adjoindre d'autres paramètres spécifiques ; M. Mathias et M. D. Berthelot ont indiqué quelques-uns de ces paramètres qui semblent jouer un rôle considérable.

Il résulte de là aussi que l'on ne saurait encore considérer comme parfaitement connue l'équation caractéristique d'un fluide ; ni l'équation de Van der Waals, ni les formules plus compliquées qui ont été proposées par divers auteurs ne sont en parfaite conformité avec la réalité. On peut penser que les recherches de ce genre n'aboutiront que si l'on se préoccupe, non seulement des phénomènes de compressibilité et de dilatation, mais encore des propriétés calorimétriques des corps.

La thermodynamique établit bien des relations entre ces propriétés et les autres constantes, mais elle ne permet pas de tout prévoir.

Plusieurs physiciens ont effectué de fort intéressantes mesures calorimétriques, soit, comme M. Perot, pour vérifier la formule de Clapeyron relative à la chaleur de vaporisation, soit pour connaître les valeurs des chaleurs spécifiques et leurs variations quand la température ou la pression vient à changer. M. Mathias est même arrivé à déterminer d'une façon complète les chaleurs spécifiques des gaz liquéfiés et de leurs vapeurs saturées, ainsi que les chaleurs de vaporisation interne et externe.

§ 2. — LA LIQUÉFACTION DES GAZ, PROPRIÉTÉS DES CORPS AUX BASSES TEMPÉRATURES

Le bénéfice scientifique de toutes ces recherches a été grand, et comme il arrive presque toujours, les conséquences pratiques qui en découlent ont été, elles aussi, des plus importantes. C'est grâce à la connaissance plus complète des propriétés générales des fluides que l'on a, dans ces dernières années, fait d'immenses progrès dans les moyens de liquéfier les gaz.

Au point de vue théorique, les procédés nouveaux de liquéfaction se classent en deux catégories. La machine de Linde et les machines similaires utilisent, on le sait, la détente sans production notable de travail extérieur; cette détente occasionne néanmoins un abaissement de température parce que le gaz en expérience n'est pas un gaz parfait, et, par un procédé ingénieux, on accumule les refroidissements produits.

Plusieurs physiciens ont proposé d'employer une méthode où la liquéfaction serait obtenue par détente avec un travail extérieur récupérable ; cette méthode, proposée dès 1860 par Siemens, présenterait des avantages considérables ; théoriquement, la liquéfaction serait plus rapide et obtenue beaucoup plus économiquement ; malheureusement l'expérience rencontre des obstacles graves, provenant surtout de la difficulté d'obtenir un graissage convenable pour les grands froids dans les parties de l'appareil qui doivent être en mouvement pour pouvoir travailler.

M. Claude a récemment réalisé des progrès considérables à cet égard, grâce à l'emploi, pendant la période de mise en route, de l'éther de pétrole qui est incongelable et qui lubréfie bien les organes mobiles ; une fois le régime atteint, on se sert comme graisseur de l'air lui-même qui mouille bien les métaux mais qui cependant n'empêche pas complétement les frottements ; aussi les résultats seraient-ils restés assez médiocres si ce très ingénieux physicien n'avait imaginé encore un nouveau perfectionnement qui n'est pas sans analogie avec celui de la surchauffe dans les machines à vapeur ; il relève légèrement la température initiale de l'air comprimé qui est au voisinage de sa liquéfaction, de façon à sortir d'une zone de perturbations profondes dans les propriétés des fluides, perturbations qui rendent alors très faible le travail d'expansion et par là faibles aussi les froids produits, ce perfectionnement, si simple en apparence, présente divers autres avantages qui triplent immédiatement le rendement obtenu.

Le but de M. Claude était surtout d'obtenir pratiquement de l'oxygène par une véritable distillation de l'air liquide; l'azote bouillant à — 194° et l'oxygène à — 180° 5, si de l'air liquide s'évapore, l'azote s'échappe surtout au début de l'évaporation tandis que l'oxygène se concentre dans le liquide résiduel qui est finalement constitué par de l'oxygène pur, en même temps la température se relève pour aboutir finalement au point d'ébullition — 180° 5 de l'oxygène. Mais l'air liquide coûte cher et si l'on se contentait de l'évaporer pour recueillir une partie de l'oxygène dans le résidu de l'évaporation, le procédé serait des plus médiocres au point de vue industriel. Dès 1892, M. Parkinson avait songé à améliorer le rendement en récupérant le froid produit par l'air liquide pendant son évaporation, mais une idée inexacte qui semblait résulter de certaines expériences de Dewar, l'idée que le phénomène de la liquéfaction de l'air ne serait pas, par certaines particularités, exactement l'inverse de celui de la vaporisation, avait conduit à employer des dispositifs très imparfaits; M. Claude, utilisant une méthode qu'il appelle méthode avec retour en arrière, obtient une rectification complète, d'une manière remarquablement simple et dans des conditions économiques extrêmement avantageuses; des appareils, dont les dimensions réduites causent un véritable étonnement, fonctionnent aujourd'hui et permettent d'obtenir aisément, chaque jour, plus d'un millier de mètres cubes d'oxygène au taux d'un mètre cube, et plus, par cheval-heure.

C'est en Angleterre, grâce à l'habileté de M. Dewar et de ses élèves, grâce aussi, il faut bien le dire, à la générosité de l'Institution Royale de Londres, qui a consacré des sommes considérables à ces expériences coûteuses, que les recherches les plus nombreuses et les plus systématiques ont été effectuées sur la production des grands froids ; on ne retiendra ici que les résultats les plus importants, relatifs surtout aux propriétés des corps, portés à de basses températures.

Les propriétés électriques, particulièrement, subissent d'intéressantes modifications. L'ordre dans lequel se placent les métaux, au point de vue de la conductibilité, n'est plus le même qu'aux températures ordinaires : ainsi, à — 200°, le cuivre conduit mieux que l'argent. La résistance diminue avec la température ; jusque vers — 200°, cette diminution est à peu près linéaire, et il semblerait que la résistance tend vers zéro quand la température tend vers le zéro absolu ; mais, à partir de — 200°, l'allure des courbes change, et il est facile de prévoir qu'au zéro absolu, les résistivités de tous les métaux conserveraient, contrairement à ce que l'on supposait autrefois, une valeur notable. Les électrolytes solidifiés qui, à des températures fort inférieures à leur point de fusion, conservent encore une conductibilité très appréciable, deviennent au contraire, aux basses températures, des isolants parfaits. Leurs constantes diélectriques prennent des valeurs relativement élevées. MM. Jurie et Compan qui ont étudié de leur côté cette question, ont constaté d'ailleurs que ce pouvoir inducteur spécifique change notablement avec la température.

On a, de même, étudié les propriétés magnétiques; un résultat très intéressant est celui que l'on trouve pour l'oxygène : la susceptibilité magnétique de ce corps croît au moment de la liquéfaction ; toutefois, cet accroissement, qui est énorme (puisque la susceptibilité devient 1.600 fois plus grande que ce qu'elle était primitivement), si on le rapporte à des volumes égaux, est beancoup moins considérable si l'on envisage des masses égales ; on doit conclure de ce fait que les propriétés magnétiques n'appartiennent pas, sans doute, aux molécules en elles-mêmes, mais qu'elles dépendent de l'état d'agrégation de ces molécules.

Les propriétés mécaniques des corps subissent aussi d'importantes modifications : en général, la cohésion est considérablement accrue. Les dilatations produites par de faibles changements de température sont considérables. M. Dewar a effectué des mesures soignées sur la dilatation de certains corps, la glace, par exemple, aux basses températures. Des changements de couleur se produisent : ainsi le vermillon et l'iodure de mercure passent à l'orangé pâle. La phosphorescence s'exagère, et la plupart des corps à structure complexe, le lait, les œufs, les plumes, le coton, les fleurs, deviennent phosphorescents ; il en est de même pour certains corps simples, tel l'oxygène qui se transforme en ozone en émettant une lumière blanche.

L'affinité chimique est presque abolie : le phosphore, le potassium demeurent inertes dans l'oxygène liquide. Il est cependant à noter, et cette remarque a, sans doute, quelque intérêt pour les théories de l'action photographique, que les substances photographiques conservent, même à la température de l'hydrogène liquide, une partie très notable de leur sensibilité à la lumière.

M. Dewar a fait des applications importantes des basses températures à l'analyse chimique; il les utilise aussi pour faire le vide. Ses recherches ont, en effet, prouvé que la pression de l'air congelé au moyen de l'hydrogène liquide ne peut excéder un millionième d'atmosphère; on a donc, par ce procédé, un moyen original et rapide de faire un excellent vide dans des appareils très divers, moyen qui peut être particulièrement commode en certains cas.

Grâce à tous ces travaux, un champ considérable s'ouvre aussi pour les recherches biologiques; sur ce terrain, qui n'est pas le nôtre, nous ne marquerons qu'un seul point. On a constaté que des germes vitaux, des bactéries par exemple, peuvent être maintenus pendant sept jours à — 190° sans que leur vitalité soit modifiée; les organismes phosphorescents cessent bien, en vérité, de luire à la température de l'air liquide, mais ce fait est dû simplement à ce que les oxydations et les autres réactions chimiques qui entretiennent la phosphorescence sont alors suspendues, car l'activité phosphorescente reprend dès que la température remonte suffisamment. On a tiré de ces expériences une conclusion importante au point de vue des théories cosmogoniques : puisque le froid de l'espace ne saurait détruire les germes de vie, il n'est nullement absurde de supposer que, dans des conditions convenables, un germe puisse avoir été transmis d'une planète dans une autre.

Parmi les découvertes faites avec les nouveaux procédés, celle qui a certainement le plus vivement intéressé l'opinion publique est la découverte de nouveaux gaz dans l'atmosphère. On sait comment Sir W. Ramsay et M. Travers ont d'abord caractérisé spectroscopiquement les *compagnons* de l'argon dans la partie la moins volatile de l'atmosphère. M. Dewar d'un côté, Sir W. Ramsay de l'autre, ont ensuite séparé nettement, outre l'argon et l'hélium, le crypton, le xénon et le néon. Le procédé mis en œuvre consiste essentiellement à solidifier d'abord la partie la moins volatile de l'air, puis à la faire évaporer avec une extrême lenteur; un tube à électrodes permet d'observer le spectre du gaz qui distille. On voit ainsi se succéder les spectres des divers gaz dans l'ordre inverse de leur volatilité; tous ces gaz sont monoatomiques comme le mercure, c'est-à-dire qu'ils sont à l'état le plus simple; ils ne possèdent aucune énergie interne de la molécule, au moins celle que la chaleur est capable de fournir; ils semblent de même n'avoir aucune énergie chimique. Tout porte à croire qu'ils sont les témoins sur la Terre d'un état de choses antérieur, aujourd'hui disparu. On peut supposer, par exemple, que l'hélium et le néon, dont la masse moléculaire est très faible, étaient autrefois plus abondants sur notre planète, mais à une époque où la température du globe était plus élevée, la vitesse propre des molécules a pu atteindre une valeur considérable, dépasser par exemple 11 kilomètres à la seconde, ce qui suffit pour expliquer que ces molécules ont pu quitter notre atmosphère.

Le crypton et le néon, qui ont une densité quatre fois plus forte que l'oxygène, ont pu, au contraire, disparaître en partie par dissolution au fond de la mer, où il n'est pas absurde de supposer qu'on en trouverait des quantités considérables liquéfiées à de grandes profondeurs.

Il est probable, d'ailleurs, que les régions supérieures de l'atmosphère ne sont pas composées comme l'air qui nous environne. M. Dewar fait observer que la loi de Dalton exige que chacun des gaz qui composent l'atmosphère ait, à chaque hauteur et à chaque température, la même pression que s'il était seul, la pression décroissant d'autant moins vite, toutes choses égales d'ailleurs, que sa densité est plus faible. Il en résulte que, la température baissant au fur et à mesure que l'on s'élève dans l'atmosphère, à une attitude assez élevée, il ne doit plus rester que des traces d'oxygène et d'azote, qui se liquéfient sans doute et que l'atmosphère est presque exclusivement composée des gaz les plus volatils, parmi lesquels l'hydrogène dont M. A. Gauthier a, comme lord Rayleigh et Sir W. Ramsay, prouvé l'existence dans l'air. Le spectre de l'aurore boréale, où l'on retrouve les raies des parties de l'atmosphère qu'on ne peut liquéfier dans l'hydrogène liquide, et celles de l'argon, du crypton, du xénon, est bien en conformité avec cette manière de voir; il est cependant singulier que ce soit surtout le spectre du crypton, c'est-à-dire du gaz le plus lourd, qui se montre, et de beaucoup, le plus nettement, dans les régions supérieures de l'atmosphère.

Parmi les gaz les plus difficiles à liquéfier, l'hydrogène a été l'objet de travaux particuliers et de véritables expériences de mesure. On connaît aujourd'hui très nettement ses propriétés à l'état liquide : sa température d'ébullition, mesurée avec un thermomètre à hélium, dont l'étude a été faite comparativement aux thermomètres à oxygène et à hydrogène, est de — 252°; sa température critique est — 241°; la pression critique, 15 atmosphères; il est quatre fois plus léger que l'eau, il ne présente pas de spectre d'absorption, et sa chaleur spécifique est la plus grande qui soit connue; il n'est pas conducteur de l'électricité; solidifié à 15° absolus, il est loin de rappeler par son aspect un métal : il ressemble à un morceau de glace parfaitement pure. M. Travers lui attribue une structure cristalline.

Tout récemment enfin, M. Kamerlingh Onnes, grâce aux ressources merveilleuses du laboratoire cryogène de l'Université de Leyde qu'il a fondé et qu'il dirige avec une si haute compétence, est parvenu à liquéfier l'hélium, le dernier des gaz permanents. En détendant ce gaz comprimé et refroidi par un courant d'hydrogène liquide, on obtient un liquide transparent et incolore; le point critique est voisin de 5° absolus.

§ 3. — SOLIDES ET LIQUIDES.

L'intérêt des résultats auxquels ont conduit les recherches sur la continuité entre les états liquides et gazeux est si grand que de nombreux savants ont été naturellement amenés à examiner si l'on ne trouverait pas, pour les liquides et les solides, quelque chose d'analogue. L'on pouvait penser qu'une semblable continuité devait là aussi se rencontrer, que la généralité des propriétés de la matière interdisait toute véritable discontinuité entre deux états différents, et qu'à vrai dire l'état solide était un prolongement de l'état liquide.

Pour savoir si cette supposition est juste, il importe de comparer les propriétés des liquides et des solides : si l'on trouve que toutes les propriétés sont communes aux deux états, alors même qu'elles se présenteraient à des degrés très différents, l'on sera fondé à croire que, par une série continue de corps intermédiaires, on pourra relier les deux classes; si, au contraire, on découvre qu'il existe dans ces deux classes quelque qualité de nature différente, on devra nécessairement conclure à une discontinuité que rien ne saurait faire disparaître.

La distinction que l'on établit, au point de vue des usages courants, entre les solides et les liquides, provient surtout de la difficulté que l'on rencontre chez les uns, de la facilité chez les autres, quand on veut changer leur forme par l'action d'une force mécanique d'une manière temporaire ou permanente.

Cette distinction ne correspond cependant, dans la réalité, qu'à une simple différence dans la valeur de certains coefficients; on ne saurait trouver par ce moyen un caractère absolu établissant une séparation entre les deux classes ; les travaux modernes le prouvent clairement. Il n'est pas inutile, pour les bien comprendre, de préciser le sens de quelques termes employés en élasticité.

Si un ensemble de forces agissant sur une masse matérielle homogène vient à la déformer sans la comprimer ou la dilater, deux genres de réactions bien distinctes peuvent apparaître qui s'opposent à l'effort exercé.

Pendant le temps de la déformation, et pendant ce temps seulement, les premières se font sentir; elles dépendent essentiellement de la plus ou moins grande rapidité de la déformation, elles cessent avec le mouvement et ne sauraient, en aucun cas, ramener le corps à son premier état d'équilibre; l'existence de ces réactions nous conduit à l'idée de la viscosité ou de frottement intérieur.

Les secondes sont de nature différente; elles continuent à s'exercer quand la déformation reste stationnaire, et si les forces extérieures viennent à disparaître, elles sont capables de faire revenir le corps à sa forme initiale, pourvu qu'une certaine limite n'ait pas été dépassée; elles constituent la rigidité.

Au premier abord, un corps solide paraît avoir une rigidité finie et une viscosité infinie; un liquide au contraire, présenterait une certaine viscosité, mais une rigidité nulle. Mais qu'on examine les choses de plus près, en partant, soit des solides, soit des liquides, et l'on voit s'évanouir la distinction.

Tresca avait déjà montré autrefois que le frottement intérieur n'est pas infini dans un solide; certains corps peuvent, en quelque sorte, fluer, se mouler; M. W. Spring a donné beaucoup d'exemples de phénomènes semblables. D'autre part, la viscosité chez les liquides n'est jamais nulle, car s'il en était ainsi, pour l'eau, par exemple, dans la célèbre expérience faite par Joule pour déterminer la valeur de l'équivalent mécanique de la calorie, le liquide, entraîné par les palettes, glisserait sans frottement sur le liquide ambiant et le travail moteur serait le même que les palettes plongent ou ne plongent pas dans la masse liquide. Dans certains cas depuis longtemps observés, pour les corps que l'on appelle les corps pâteux, cette viscosité arrive presque à atteindre une valeur comparable à celle que M. Spring a pu observer pour quelques solides.

La rigidité ne saurait non plus permettre d'établir une barrière entre les deux états : malgré l'extrême mobilité de leurs particules, les liquides recèlent en effet des vestiges de cette propriété que l'on voulait autrefois considérer comme un caractère spécial des solides.

Déjà Maxwel avait réussi à rendre très probable l'existence de cette rigidité, en examinant les propriétés optiques d'une couche liquide déformée ; mais un physicien russe, M. Schwedoff, a été plus loin : il a pu, par des expériences directes, montrer qu'une gaine liquide comprise entre deux cylindres solides, tend, lorsque l'un des cylindres subit une légère rotation, à revenir à sa position première en imposant une torsion mesurable à un fil qui soutient ce cylindre ; de la connaissance de cette torsion on peut déduire la rigidité ; dans le cas d'une solution contenant 1/2 °/₀ de gélatine, on trouve que cette rigidité, énorme par rapport à celle de l'eau, est cependant encore un trillion, 840 billions de fois moindre que celle de l'acier !

Ce chiffre certain..., à quelques billions près, prouve que la rigidité est bien faible, mais elle n'est pas nulle et cela suffit pour que l'on puisse fonder sur cette propriété une distinction caractéristique.

D'une façon générale, M. Spring a d'ailleurs établi que l'on rencontre chez les solides, à un degré plus ou moins marqué, les propriétés des liquides; lorsqu'ils sont placés dans des conditions convenables de la pression et du temps, ils s'écoulent à travers les orifices, ils transmettent les pressions dans tous les sens, ils se diffusent et se dissolvent les uns dans les autres, ils réagissent chimiquement entre eux. On peut les souder par la compression, produire, par le même moyen, des alliages, et aussi, ce qui semble bien nettement prouver que la matière, à l'état solide, n'est pas privée de toute mobilité moléculaire, on parvient à réaliser de véritables réactions limitées, des équilibres entre sels solides, et ces équilibres obéissent aux lois fondamentales de la thermodynamique.

Ainsi la définition d'un solide ne saurait résulter de ses propriétés mécaniques; on ne peut dire, d'après ce que nous venons de voir, que les corps solides conservent leur forme; on ne saurait dire davantage qu'ils ont une élasticité limitée, car M. Spring a fait connaître aussi un cas où l'élasticité des solides est sans limite.

On a cru, dans un phénomène différent, le phénomène de la cristallisation, trouver le moyen d'arriver à une délimitation nette, parce qu'il s'agirait d'une qualité spécifique; les corps cristallisés seraient les véritables solides, les corps amorphes étant alors regardés comme des liquides visqueux à l'extrême.

Mais les travaux d'un physicien allemand, M. O. Lehmann, semblent prouver que ce moyen lui-même n'est pas infaillible; M. Lehmann a réussi, en effet, à obtenir avec quelques composés organiques, par exemple avec de l'oléate de potassium, dans certaines conditions, des états particuliers auxquels il donne le nom de cristaux semi-fluides et de cristaux liquides; ces phénomènes singuliers ne peuvent être observés et étudiés qu'avec le microscope, et le professeur de Carlsruhe a dû imaginer un dispositif ingénieux qui lui permît de porter la préparation à la température voulue sur la platine même du microscope.

On arrive ainsi à mettre en évidence que ces corps agissent sur la lumière polarisée à la manière d'un cristal; ceux que M. Lehmann appelle semi-liquides présentent encore des traces de délimitation polyédrique, mais avec des arêtes et des angles arrondis par la tension superficielle; les autres tendent à prendre une forme rigoureusement sphérique. Pour les premiers, l'examen optique est très difficile parce qu'il peut se produire des apparences dues à des phénomènes de réfraction, apparences qui simulent les phénomènes de la polarisation; pour les autres, qui, souvent, sont aussi mobiles que l'eau, le fait qu'ils polarisent la lumière est absolument indubitable.

Malheureusement tous ces liquides sont troubles, sans exception, et l'on pourrait objecter qu'ils ne sont pas homogènes; ce défaut d'homogénéité pourrait, d'après M. Quincke, être dû à l'existence de particules en suspension dans un liquide en contact avec un autre liquide miscible avec lui et l'enveloppant comme le ferait une membrane, et les phénomènes de polarisation s'expliqueraient ainsi tout naturellement.

M. Tammann croit qu'il s'agit plutôt d'une émulsion, et, dans cette hypothèse, l'action sur la lumière serait bien aussi celle que l'on observe. Divers expérimentateurs ont cherché, pendant ces dernières années, à élucider la question; on ne saurait la considérer comme définitivement tranchée, mais ces très curieuses expériences, poursuivies avec beaucoup de patience et une ingéniosité remarquable, permettent de penser qu'il existe réellement entre les cristaux et les liquides des formes intermédiaires où les corps conservent encore une structure particulière, agissent par suite sur la lumière, mais ont déjà une plasticité considérable.

Remarquons que la question de la continuité de l'état liquide et de l'état solide n'est pas tout à fait la même que la question de savoir s'il existe des corps intermédiaires, pour toutes les propriétés, entre les corps solides et les corps liquides.

On confond souvent, à tort, ces deux problèmes; entre les deux classes de corps le fossé peut être comblé par certaines substances présentant des propriétés intermédiaires, corps pâteux, corps liquides encore cristallisés parce qu'ils n'ont pas perdu complètement leur structure particulière, et cependant la transition ne sera pas forcément établie, d'une façon continue, lorsqu'il s'agira, pour une seule et même substance déterminée, de passer de la forme liquide à la forme solide.

On conçoit que ce passage puisse s'effectuer par

degrés insensibles lorsqu'il s'agit d'un corps amorphe, mais le cas d'un cristal, qui est un cas où les mouvements moléculaires doivent être essentiellement ordonnés, semble ne pouvoir être considéré comme une suite naturelle du cas du liquide où l'on se trouve au contraire en présence d'un état de mouvement extrêmement désordonné.

M. Tammann a fait voir que les solides amorphes peuvent bien, en effet, être regardés comme des liquides surfondus, doués d'une très grande viscosité, mais il n'en est plus de même quand l'état solide est en même temps l'état cristallisé; il existe alors une solution de continuité des diverses propriétés de la substance, et les deux phases peuvent coexister.

On pourrait présumer encore, par analogie avec ce qui se passe pour les liquides et les gaz, que, si l'on suivait la courbe de transformation de la phase cristalline en la phase liquide, on pourrait arriver à une sorte de point critique où disparaîtrait la discontinuité des propriétés.

M. Poynting, puis M. Plank et M. Ostwald avaient supposé qu'il en était bien ainsi, mais, plus récemment, M. Tammann a démontré qu'un tel point n'existe pas et que la région de stabilité de l'état cristallisé est limitée de tous côtés.

Le long de la courbe de transformation les deux états peuvent coexister en équilibre, mais on peut affirmer que l'on ne saurait réaliser une série continue d'intermédiaires entre ces deux états; il y aura toujours une discontinuité plus ou moins marquée dans quelques-unes des propriétés.

Au cours de ses recherches, M. Tammann a été d'ailleurs conduit à certaines remarques fort importantes; c'est ainsi qu'il a rencontré chez presque toutes les substances des modifications allotropiques nouvelles qui viennent, d'ailleurs, singulièrement compliquer la question. Dans le cas de l'eau, par exemple, il trouve que la glace ordinaire se transforme, sous une pression déterminée, à la température de — 80° en une autre variété cristalline qui est plus dense que l'eau.

Ainsi, la statique des solides sous forte pression, à peine ébauchée encore, semble promettre des résultats qui ne seront pas identiques à ceux que l'on a obtenus pour la statique des fluides, mais qui présenteront un intérêt au moins égal.

§ 4. — LES DÉFORMATIONS DES SOLIDES

Si les propriétés mécaniques des corps intermédiaires entre les solides et les liquides n'ont fait que, depuis peu, l'objet de travaux systématiques, les substances franchement solides ont été étudiées depuis fort longtemps et cependant, malgré l'abondance des recherches publiées sur l'élasticité par les théoriciens et par les expérimentateurs, de nombreuses questions restent encore en suspens.

On ne saurait avoir d'autre prétention que d'indiquer ici, très sommairement, quelques problèmes récemment examinés, sans entrer dans le détail de questions qui appartiennent plutôt au domaine de la mécanique qu'à celui de la physique pure.

Les déformations produites sur les corps solides par des efforts croissants se rangent en deux périodes bien distinctes: si les efforts sont faibles, les déformations produites, très faibles aussi, disparaissent quand l'effort vient à cesser, elles sont dites alors élastiques ; si les efforts dépassent certaines valeurs, les déformations ne disparaissent plus complètement, elles sont en partie permanentes.

On a invoqué souvent la pureté de la note émise par un son comme une preuve du parfait isochronisme de l'oscillation et, par suite, comme une démonstration *a posteriori* de l'exactitude de l'antique loi de Hoocke qui régirait les déformations élastiques; la force élastique serait proportionnelle à la déformation. Cependant, cette loi a été, depuis plusieurs années, l'objet de contestations nombreuses. Certains mécaniciens ou physiciens admettent volontiers qu'elle est inexacte et, particulièrement pour les déformations extrêmement faibles, d'après une théorie assez en faveur, surtout en Allemagne, la théorie de Bach, la loi qui lie les déformations élastiques aux efforts serait une loi exponentielle. De récentes expériences de MM. Kohlrausch et Grüneisen, exécutées dans des conditions variées et précises sur du laiton, de la fonte, de l'ardoise, du fer forgé, ne semblent pas confirmer la loi de Bach; rien n'autorise, en somme, à renoncer à la loi de Hooke qui se présente comme l'approximation la plus naturelle et la plus simple.

Les phénomènes de déformation permanente sont fort complexes, il semble bien qu'on ne peut les expliquer dans les anciennes théories où l'on voulait que les molécules ne réagissent que suivant la droite qui joint leurs centres; il faut, comme l'ont fait dans de très beaux mémoires MM. Cosserat, construire des hypothèses plus complètes et l'on peut ainsi parvenir à grouper les faits résultant d'expériences nouvelles. Parmi ces expériences dont toute théorie devrait tenir compte, on peut citer celles par lesquelles M. le colonel Hartmann a mis en évidence l'importance des lignes qui se produisent à la surface des métaux quand la limite d'élasticité est dépassée.

C'est à des questions de même ordre que se rattachent les fines et patientes recherches de M. Bouasse; ce physicien, aussi ingénieux que profond, poursuit depuis plusieurs années, des expériences sur les points les plus délicats relatifs à la théorie de l'élasticité; il est parvenu à définir, avec précision, ce que l'on n'a pas toujours fait, même dans des travaux estimés, les déformations auxquelles ont doit soumettre un corps pour obtenir des expériences comparables. Au sujet des petites oscillations de torsion qu'il a particulièrement étudiées, M. Bouasse conclut, d'une discussion serrée, que nous ne savons à peu près rien de plus que ce qu'avait annoncé, il y a cent ans, Coulomb; on voit, sur cet exemple, que si les progrès accomplis sont admirables pour certaines régions de la physique, il existe encore bien des parties trop délaissées qui restent dans une fâcheuse obscurité; l'habileté dont a fait preuve M. Bouasse autorise l'espoir que, grâce à ses travaux, une vive lueur éclairera quelque jour un de ces coins ignorés.

Un chapitre particulièrement intéressant de

l'élasticité est celui qui se rapporte à l'étude des cristaux : il a été l'objet, en ces dernières années, de travaux remarquables, particulièrement de la part de M. Voigt. Ces recherches ont permis de trancher quelques questions controversées entre les théoriciens et les expérimentateurs, M. Voigt a vérifié les conséquences du calcul, à condition de ne pas faire comme Cauchy et Poisson, l'hypothèse de forces centrales fonction de la distance seulement, mais d'admettre un potentiel qui dépend de l'orientation relative des molécules.

Ces considérations s'appliquent, d'ailleurs, aux corps quasi-isotropes qui sont, en fait, des enchevêtrements de cristaux.

Entre les déformations élastiques et les déformations permanentes, on peut considérer comme intermédiaires certaines déformations passagères qui se produisent et disparaissent lentement; ainsi, par exemple, la déformation thermique du verre qui se manifeste par le déplacement du zéro d'un thermomètre, ainsi encore les modifications que viennent démontrer les phénomènes d'hytérésis magnétique ou les variations de résistivité.

Plusieurs théoriciens ont abordé ces questions difficiles: M. Brillouin cherche à interpréter ces divers phénomènes dans l'hypothèse moléculaire ; la tentative peut sembler hardie, puiqu'ils sont, ces phénomènes, pour la plupart essentiellement irréversibles et semblent, par suite, ne pouvoir rentrer dans la mécanique. Mais M. Brillouin s'attache précisément à montrer que, sous certaines conditions, des phénomènes irréversibles peuvent prendre naissance entre deux points matériels dont les actions dépendent de leur seule distance, et il fournit des exemples frappants qui semblent prouver qu'un grand nombre de phénomènes physiques et chimiques irréversibles peuvent être rattachés à l'existence d'états d'équilibre instable.

M. Duhem a abordé le problème par un autre côté, il cherche à le faire rentrer dans la thermodynamique; la thermodynamique ordinaire ne saurait, elle non plus, rendre compte d'états d'équilibre expérimentalement réalisables dans les phénomènes de viscosité et de frottement puisqu'elle les déclare même impossibles ; mais M. Duhem arrive à penser que l'établissement des équations de la thermodynamique suppose, entre autres hypothèses, la suivante qui est entièrement arbitraire : lorsqu'on donne l'état du système, les actions extérieures, capables de le maintenir dans cet état, sont déterminées sans ambiguïté par des équations dites conditions d'équilibre du système. Si l'on rejette cette hypothèse, il sera alors permis d'introduire dans la thermodynamique des lois qu'elle excluait et l'on pourra, comme le fait M. Duhem construire une théorie beaucoup plus compréhensive.

Les idées de M. Duhem ont été illustrées par de remarquables travaux expérimentaux : M. Marchis, par exemple, guidé par ces idées, a étudié les modifications permanentes que produit, dans du verre, une oscillation de température, ces modifications, que l'on peut appeler des phénomènes d'hystérésis de dilatation, peuvent être suivies d'une façon très sensible au moyen d'un thermomètre en verre ; les résultats généraux sont bien d'accord avec les prévisions de M. Duhem. M. Lenoble, dans des recherches sur la traction des fils métalliques, M. Chevalier dans des expériences sur les variations permanentes de résistance électrique des fils d'alliage platine-argent, soumis à des variations périodiques de température, ont également fourni des vérifications de la théorie établie par M. Duhem.

Dans cette théorie, on considère le système représentatif comme dépendant de la température et d'une ou plusieurs autres variables, comme par exemple une variable chimique ; c'est une idée semblable qu'a développée, dans un très bel ensemble de mémoires sur les aciers au nickel, M. Ch.-Ed.-Guillaume. L'éminent physicien qui, par ses travaux antérieurs, avait déjà grandement contribué à éclaircir la question analogue du déplacement du zéro dans les thermomètres, conclut, de nouvelles recherches, que les phénomènes résiduels tiennent à des variations chimiques et que le retour à l'état chimique primitif fait disparaître la variation; il applique ses idées, non seulement aux phénomènes présentés par les aciers irréversibles, mais encore à des faits très différents, par exemple à la phosphorescence dont certaines particularités se peuvent interpréter d'une manière fort analogue.

Les aciers au nickel présentent les propriétés les plus curieuses, j'ai déjà signalé l'importance capitale de l'un d'entre eux, dont la dilatation est presque insensible, pour les applications à la métrologie et à la chronométrie; d'autres encore, qu'a découverts également M. Guillaume, à la suite d'une étude conduite avec une rare sûreté et une remarquable ingéniosité, peuvent rendre de grands services parce que l'on y peut, en quelque sorte, doser à volonté les propriétés mécaniques ou magnétiques.

L'étude des alliages en général est d'ailleurs l'une de celles où l'introduction des méthodes physiques a produit les plus heureux effets; par l'examen microscopique d'une surface polie ou creusée par un réactif, par la détermination des forces électromotrices d'éléments dont un alliage forme l'un des pôles, par la mesure des résistivités, des densités, des différences de potentiel au contact, on obtient les plus précieuses indications sur leur constitution. M. Le Chatelier, M. Charpy, M. Dumas, M. Osmond, en France; sir W. Roberts Austen, M. Stansfield, en Angleterre, ont donné de multiples exemples de la fécondité de ces méthodes. La question s'est trouvée, d'ailleurs, éclairée d'un jour nouveau par l'application des principes de la thermodynamique et de la règle des phases.

On connaît d'ordinaire les alliages sous les deux états solide et liquide : les alliages fondus consistent en une ou plusieurs solutions mutuelles des métaux composants et d'un certain nombre de combinaisons définies ; la composition peut ainsi être fort complexe, mais la règle de Gibbs fournit immédiatement un renseignement important, puisqu'elle indique qu'il ne peut exister, en général, plus de deux solutions distinctes dans un alliage de deux métaux.

Les alliages solides se peuvent classer comme les liquides; deux métaux, ou plus, se dissolvent l'un dans l'autre et forment une solution solide tout à fait analogue à une solution liquide, mais l'étude de ces solutions solides est rendue singulièrement plus difficile par ce fait que l'équilibre, si rapidement atteint dans le cas des liquides, demande ici, pour s'établir, des jours entiers et peut-être même, dans certains cas, quelques siècles.

CHAPITRE V

Les solutions et la dissociation électrolytique.

§ 1. — LA DISSOLUTION

La vaporisation et la fusion ne sont pas les seuls moyens par lesquels on puisse changer l'état physique d'un corps, sans modifier sa constitution chimique ; depuis les temps les plus reculés, on a connu aussi et étudié la dissolution [1], mais, depuis une vingtaine d'années seulement, on a commencé à obtenir, au sujet de ce phénomène, autre chose que des renseignements empiriques.

Il était naturel d'employer ici encore les mé-

1. Je laisse de côté le cas des dissolutions colloïdales ou mieux des liquides colloïdaux.

On sait qu'un tel liquide se compose d'un solvant et d'un corps qui y paraît dissous mais qui, en réalité, y est en suspension à l'état de particules microscopiques.

Graham, dès 1854, a montré qu'un liquide colloïdal a des propriétés nettement différentes d'une dissolution ordinaire ; il diffuse avec une grande lenteur, ne traverse pas les membranes dyalisantes et n'a qu'une faible pression osmotique.

Les tissus vivants sont presque exclusivement formés de ces

thodes qui avaient permis de pénétrer dans la connaissance des autres transformations : le problème des solutions peut s'aborder par la thermodynamique et par les hypothèses cinétiques.

Dès 1858, Kirchhoff découvrait, en appliquant aux dissolutions salines, ou aux mélanges d'eau et d'un liquide non volatil comme l'acide sulfurique, les propriétés de l'énergie interne, une relation entre la quantité de chaleur que dégage l'addition d'une certaine quantité d'eau à une dissolution et les variations que la condensation et la température font subir à la tension de vapeur de cette dissolution. Il calculait, à cet effet, les variations d'énergie qui se produisent quand on passe d'un état à un autre par deux séries différentes de transformations, et, en égalant les deux expressions ainsi obtenues, il établissait une relation entre les divers éléments du phénomène.

Mais, pendant longtemps encore, la question fit peu de progrès, parce que l'on ne voyait guère le moyen d'introduire dans cette étude le second principe de la thermodynamique ; c'est le mémoire

liquides dont l'étude a, par suite, la plus haute importance philosophique.

Dans ces dernières années, des chimistes et des biologistes habiles (MM. Sabatier, V. Henri, Jacques Duclaux, Raehlmann, Neisser et Friedemann, Hardy, etc...) se sont attachés à mettre en évidence leurs curieuses propriétés.

Récemment les physiciens (MM. J. Perrin, Cotton, Quincke Schmauss, etc...) ont commencé à s'intéresser à cette question qu'ils avaient un peu délaissée. On a, par exemple, élucidé le mécanisme par lequel ces liquides conduisent le courant ; ils ne sont pas des électrolytes, ils transportent l'électricité par convection, la matière passant tout entière d'un pôle à l'autre.

Peut-être un jour des recherches semblables jetteront-elles une vive lumière sur le mécanisme de la vie elle-même.

de Gibbs qui devait ouvrir enfin ce riche domaine et permettre de l'exploiter rationnellement. Dès 1886, M. Duhem montrait que la théorie du potentiel thermodynamique fournissait sur les dissolutions ou les mélanges liquides des renseignements précis, il retrouvait ainsi la fameuse loi sur l'abaissement de la température de congélation des dissolvants que venait alors d'établir M. Raoult, par une longue série de recherches, aujourd'hui classiques.

Mais, dans l'esprit de beaucoup de personnes, un doute grave subsistait, la dissolution paraissait un phénomène essentiellement irréversible, l'on ne pouvait par suite, en toute rigueur, calculer l'entropie d'une solution, et par suite non plus être certain de la valeur du potentiel thermodynamique. L'objection, aujourd'hui encore, serait sérieuse, dans les calculs, on serait gêné par ce que l'on appelle le paradoxe de Gibbs.

Toutefois, l'on n'hésiterait pas sans doute à appliquer aux solutions la règle des phases, et cette règle donne déjà la clef d'un certain nombre de faits ; elle mettra par exemple en évidence le rôle joué par le point d'eutexie, c'est-à-dire le point où (pour nous en tenir au cas simple où l'on n'a affaire qu'à deux corps, le dissolvant et le dissous) la dissolution est en équilibre à la fois avec les deux solides possibles, le corps dissous et le dissolvant solidifiés ; la connaissance de ce point explique les propriétés des mélanges réfrigérants, elle est aussi des plus utiles pour la théorie des alliages. Les scrupules des physiciens auraient dû tomber le jour mémorable où M. Van t' Hoff montra que la dissolution est susceptible de s'opérer par voie réversible à la faveur des phénomènes d'osmose. Mais l'expérience ne pouvait réussir que dans des cas bien rares et, d'autre part, M. Van t' Hoff était amené naturellement à une autre conception très hardie : il envisageait la molécule du corps dissous comme une molécule gazéifiée et il assimilait la dissolution, non plus comme on l'avait presque toujours fait, à la fusion, mais à une sorte de vaporisation ; aussi, ses idées ne furent pas immédiatement admises par les savants les plus étroitement attachés aux traditions classiques.

Il ne sera peut-être pas inutile d'examiner ici les principes de la théorie de M. Van t' Hoff.

§ 2. — L'OSMOSE

L'osmose, ou diffusion à travers un septum, est un phénomène très anciennement connu, on en attribue la découverte à l'abbé Nollet qui l'aurait observé en 1748, au cours de « recherches sur le bouillonnement des liquides ». Une expérience classique de Dutrochet, effectuée vers 1830, fait nettement comprendre ce phénomène. On plonge dans de l'eau pure la partie inférieure d'un tube vertical, ouvert en haut, fermé en bas par une membrane telle qu'une vessie de porc qui n'est traversée par aucun trou visible : ce tube renferme de l'alcool pur. Au bout de très peu de temps on reconnaît, par exemple avec un aréomètre, que l'eau extérieure contient de l'alcool, tandis que l'alcool du tube, tout à l'heure absolu, est maintenant étendu d'eau. Il y a donc eu un double courant à travers la membrane : courant d'eau dirigé de l'extérieur à l'intérieur, courant d'alcool en sens contraire ; on constate d'ailleurs qu'une dénivellation s'est établie et le liquide peut monter dans le tube jusqu'à une hauteur considérable. On doit admettre que le courant d'eau est plus rapide que le courant d'alcool ; au début, l'eau a pénétré beaucoup plus vite dans le tube que l'alcool n'en est sorti, il en est résulté une dénivellation et, par suite, une différence de pression sur les deux faces de la membrane, cette différence va d'abord en croissant, passe par un maximum, puis diminue et finit par s'annuler lorsque la diffusion est complète ; l'équilibre définitif est alors atteint.

Le phénomène se rattache évidemment à la diffusion ; si l'on verse avec précaution de l'alcool sur de l'eau, les deux couches, d'abord séparées, se mêlent petit à petit jusqu'à ce que l'on obtienne une substance homogène ; la vessie semble n'avoir pas empêché cette diffusion de se produire, mais elle paraît, cette vessie, s'être montrée plus facilement perméable pour l'eau que pour l'alcool. Ne peut-on, par suite, supposer qu'il doit exister des parois pour lesquelles cette différence de perméabilité deviendrait de plus en plus considérable, qui seraient perméables pour un dissolvant, absolument imperméables pour le corps dissous ? S'il en était ainsi, l'observation des phénomènes avec ces parois *semi-perméables*, comme on les appelle, se ferait dans des conditions de simplicité toute particulière.

La réponse à cette question a été donnée par des biologistes ; on ne saurait s'en étonner. Les phénomènes d'osmose ont en effet une importance capitale dans le fonctionnement des organismes et avaient depuis longtemps attiré l'attention des naturalistes. De Vries supposa que les contractions que l'on remarque dans le protoplasma des cellules, quand on le place dans des solutions salines, étaient dues à un phénomène d'osmose ; et, étudiant de plus près certaines particularités de la vie cellulaire, divers savants démontrèrent que les cellules vivantes sont limitées par des membranes perméables à quelques substances, entièrement imperméables pour d'autres.

Il était intéressant de chercher à reproduire artificiellement des cloisons semi-perméables analogues à celles qui se rencontrent ainsi dans la nature.

Traube et Pfeffer semblent avoir réussi dans un cas particulier. Traube a indiqué que la membrane très délicate de ferrocyanure de potassium que l'on obtient avec de grandes précautions, en faisant réagir du sulfate de cuivre sur le ferrocyanure de potassium, est perméable pour l'eau, mais ne se laisse pas traverser par la plupart des sels ; Pfeffer a réussi à donner à ces parois, en les produisant dans les interstices d'une porcelaine poreuse, une rigidité suffisante pour permettre des expériences de mesure.

Il faut avouer que malheureusement, ni aucun physicien, ni aucun chimiste n'a été aussi heureux que ces deux botanistes; les tentatives pour reproduire des parois semi-perméables, correspondant entièrement à la définition, n'ont jamais donné que d'assez médiocres résultats, mais, si la dificulté expérimentale n'a pas été surmontée d'une manière entièrement satisfaisante, il paraît du moins bien vraisemblable que de telles parois peuvent cependant exister.

Aussi bien, pour le cas des gaz, il existe un exemple excellent de paroi semi-perméable, une cloison de platine chauffée au-dessus du rouge est, comme M. Villard l'a montré dans de belles expériences, complètement imperméable pour l'air, très perméable au contraire pour l'hydrogène. Et l'on peut démontrer par l'expérience que si l'on considère deux récipients, séparés par une telle cloison et contenant l'un et l'autre de l'azote mêlé de proportions différentes d'hydrogène, l'hydrogène traversera la paroi dans un sens tel que la concentration, c'est-à-dire la masse de gaz par unité de volume, devienne la même de part et d'autre; alors seulement l'équilibre sera établi et, à ce moment, un excès de pression se sera naturellement produit dans le récipient qui, au début, renfermait le gaz le moins riche en hydrogène.

Cette expérience permet de prévoir ce qui se passera, en milieu liquide, avec des cloisons semi-perméables; entre deux récipients, contenant, l'un de l'eau pure, l'autre, si l'on veut, de l'eau sucrée, séparés par une de ces parois; il va se produire un mouvement unique de l'eau vers l'eau sucrée et, par suite, un accroissement de pression du côté de l'eau sucrée; mais cet accroissement ne sera pas indéfini: à un certain moment la pression s'arrêtera et se maintiendra à une valeur fixe, qui a maintenant un sens déterminé, ce sera la pression osmotique.

Pfeffer avait démontré que, pour une même substance, la pression osmotique est proportionnelle à la concentration, et, par conséquent, en raison inverse du volume occupé par une même masse du corps dissous; il avait donné des nombres dont on pouvait, comme l'a fait M. Van t' Hoff, tirer aisément cette conclusion qu'à volume constant la pression osmotique est proportionnelle à la température absolue. De Vries avait d'ailleurs, par ses remarques sur les cellules vivantes, étendu les résultats qui, pour Pfeffer, ne s'appliquaient qu'à un seul cas, celui qu'il avait pu expérimentalement examiner.

Tels sont les faits essentiels de l'osmose; on peut chercher à les interpréter et à approfondir le mécanisme du phénomène. Il faut convenir qu'à cet égard les physiciens ne sont pas entièrement d'accord.

Pour M. Nernst, la perméabilité des membranes semi-perméables est due simplement à des différences de solubilité de l'une des substances dans la membrane elle-même; pour quelques physiciens, elle est attribuable, soit à la différence de dimensions des molécules qui, les unes, pourraient traverser les pores de la membrane, tandis que les autres seraient arrêtées par leur grosseur relative, soit à la mobilité plus ou moins grande de ces molécules; pour d'autres, enfin, les phénomènes capillaires joueraient ici un rôle prépondérant.

Cette idée est déjà ancienne, Jäger, More, Traube avaient cherché à montrer que le sens et la vitesse de l'osmose sont déterminés par la différences des tensions superficielles: de récentes expériences, en particulier celles de M. Batteli, tendraient bien à prouver que l'osmose s'établit de la façon la plus propre à égaliser les tensions superficielles des liquides qui sont des deux côtés de la paroi; des solutions possédant la même tension superficielle, bien que n'étant pas en équilibre moléculaire, seraient toujours en équilibre osmotique. Il ne faut pas se dissimuler que ce résultat serait en contradiction avec la théorie cinétique, mais il a été contesté récemment par divers physiciens, en particulier par l'auteur d'un travail remarquable sur le rôle chimique de la membrane dans les phénomènes osmotiques, M. G. Flusin.

§ 3. — APPLICATION A LA THÉORIE DE LA DISSOLUTION.

S'il existe vraiment une paroi perméable pour un corps, imperméable pour un autre, on pourra imaginer que le mélange homogène de ces deux corps peut s'effectuer par voie réversible; on conçoit, en effet, aisément qu'à la faveur de la pression osmotique il serait loisible, par exemple, d'étendre ou de concentrer une dissolution, en chassant, dans un sens ou en sens contraire, une certaine quantité du dissolvant à travers la paroi, sous une pression constamment égale à la pression osmotique.

C'est là le fait capital qu'aperçut M. Van t'Hoff; l'existence d'une telle paroi dans tous les cas possibles reste évidemment une hypothèse, qui ne doit pas être dissimulée, mais qui est fort légitime.

S'appuyant uniquement sur ce postulat, M. Van t'Hoff établit aisément, par la méthode la plus correcte, certaines propriétés des dissolutions des gaz dans un liquide volatil, ou des corps non volatils dans un liquide volatil; pour préciser d'autres relations, il faut admettre en outre les lois expérimentales que Pfeffer avait rencontrées;

et, sans aucune hypothèse, on parvient à démontrer les lois de Raoult sur l'abaissement de la tension de vapeur et l'abaissement du point de congélation des dissolutions et aussi la relation qui lie la chaleur de fusion à cet abaissement.

Ces résultats considérables peuvent évidemment être invoqués comme des preuves *a posteriori* de l'exactitude des lois expérimentales de l'osmose; ils ne sont pas d'ailleurs les seuls que M. Van t'Hoff ait obtenus par la même méthode : l'illustre savant a pu ainsi retrouver la loi de Guldberg et Waage sur l'équilibre chimique à température constante, et faire voir comment varie la position d'équilibre lorsque la température vient à changer.

Si l'on écrit, conformément aux lois de Pfeffer, que le produit de la pression osmotique par le volume de la dissolution est égale à la température absolue multipliée par un coefficient et que l'on cherche la valeur numérique de ce coefficient, par exemple pour une dissolution sucrée, on trouve que cette valeur est la même que celle du coefficient analogue de l'équation caractéristique des gaz parfaits. Il y a là une coïncidence que l'on a d'ailleurs utilisée dans les calculs thermodynamiques précédents, elle pourait être purement fortuite, mais on ne saurait guère s'empêcher de lui chercher un sens physique.

M. Van t'Hoff l'a considérée, cette coïncidence, comme la démonstration qu'il existe une analogie profonde entre un corps dissous et un corps gazeux; il peut sembler en effet que, dans la dissolution, la distance entre les molécules devient comparable aux distances moléculaires qui se rencontrent dans les gaz et que la molécule acquiert le même degré de liberté, la même simplicité dans les deux phénomènes. Dès lors, il paraît probable que les solutions seront soumises à des lois indépendantes de la nature chimique de la molécule dissoute et comparables aux lois qui régissent les gaz; et si l'on adopte pour les gaz l'image cinétique, on sera conduit à se représenter d'une façon semblable les phénomènes qui se manifestent dans la solution. La pression osmotique apparaîtra alors comme due au choc des molécules dissoutes contre la membrane, elle vient, d'un côté de cette paroi, se superposer à la pression hydrostatique qui, elle, doit avoir la même valeur de part et d'autre.

L'analogie avec un gaz parfait est naturellement d'autant plus grande que la dissolution est plus étendue; elle se poursuit alors dans d'autres propriétés; le travail interne de la variation de volume est nul, la chaleur spécifique n'est fonction que de la température seule ; une dissolution qui se dilue par voie réversible se refroidit comme un gaz qui se détend adiabatiquement.

Il faut reconnaître d'ailleurs, qu'à d'autres égards, l'analogie est beaucoup moins parfaite; l'opinion qui voyait dans la dissolution un phénomène semblable à la fusion, et qui a laissé une trace indélébile dans le langage courant (on dira toujours : faire fondre du sucre dans de l'eau) ne manquait certes pas de fondement. Certaines des raisons que l'on pourrait invoquer pour soutenir cette opinion sont trop évidentes pour qu'il soit nécessaire de les répéter ici; d'autres, plus cachées, pourraient être invoquées, ainsi le fait que l'énergie interne devient généralement indépendante de la concentration lorsque la dilution atteint des valeurs même peu élevées est plutôt en faveur de l'hypothèse d'une fusion.

On ne doit pas oublier d'ailleurs la continuité des états liquide et gazeux, et l'on peut considérer que, d'une façon absolue, c'est une question vide de sens que de se demander si, dans une dissolution, le corps dissous est à l'état liquide ou à l'état gazeux. Il est à l'état fluide et peut-être dans des conditions opposées à celles où se trouve un corps à l'état de gaz parfait; on sait en effet que, dans ce cas, l'on doit envisager la pression manométrique comme très grande par rapport à la pression interne qui vient, dans l'équation caractéristique, s'ajouter à la première; ne semble-t-il pas possible que, dans la dissolution, ce soit au contraire, la pression interne qui domine, la pression manométrique devenant négligeable; ainsi d'ailleurs se vérifierait la coïncidence des formules, car toutes les équations caractéristiques sont symétriques par rapport à ces deux pressions. Dans cette manière de voir, la pression osmotique serait considérée comme le résultat d'une attraction entre la dissolution et le dissolvant, elle représenterait la différence entre les pressions internes de la solution et du dissolvant pur.

Ces hypothèses sont fort intéressantes, très suggestives; mais d'après la façon dont les faits ont été exposés, il paraîtra sans doute que l'on n'est pas obligé de les admettre pour croire à la légitimité de l'application de la thermodynamique aux phénomènes de la dissolution.

§ 4. — LA DISSOCIATION ÉLECTROLYTIQUE

Dès le principe, M. Van t'Hoff fut amené à reconnaître qu'un grand nombre de dissolutions formaient des exceptions très notables et très irrégulières en apparence ; l'analogie avec les gaz ne semblait pas se maintenir, la pression osmotique avait une valeur très différente de la valeur prévue par la théorie ; tout cependant rentrait dans l'ordre, si l'on venait à multiplier par un facteur, déterminé pour chaque cas, plus grand que l'unité, la constante de la formule caractéristique. Des écarts semblables se manifestaient dans les retards observés dans la congélation et disparaissaient moyennant une correction analogue.

Ainsi, le point de congélation d'une solution aqueuse normale, contenant une molécule gramme (c'est-à-dire un nombre de grammes égal au chiffre qui représente la masse moléculaire) d'alcool ou de sucre dans l'eau s'abaisse de 1° 85. Si les lois de la dissolution étaient encore identiquement les mêmes pour une dissolution de sel marin, l'on devrait observer le même abaissement pour une dissolution salée, contenant, elle aussi, une molécule par litre. En fait, l'abaissement atteint 3° 26, la dissolution se comporte comme si elle renfermait non pas une, mais bien 1,75 molécules normales par litre.

La considération des pressions osmotiques conduirait à une remarque semblable, mais on sait que l'expérience serait plus difficile et moins précise.

On peut se demander si, pour le gaz, il ne se rencontre vraiment rien d'analogue et l'on est amené ainsi à songer aux phénomènes de dissociation. Si l'on chauffe un corps qui, à l'état de gaz, est capable de se dissocier, l'acide iodhydrique par exemple, il s'établit, à une température donnée, un équilibre entre trois corps gazeux, l'acide, l'iode, l'hydrogène ; la masse totale suivra à peu près la loi de Mariotte, mais la constante caractéristique ne sera plus la même que pour un gaz non dissocié ; l'on ne se trouve plus en présence d'une molécule unique, puisque chaque molécule s'est en partie dissociée.

La comparaison des deux cas conduit à employer une nouvelle image pour représenter le phénomène qui s'est produit dans la dissolution saline. On a introduit une seule molécule de sel, tout se passe comme s'il y en avait 1,75 ; ne peut-on dire qu'effectivement il en existe bien 1,75 parce que le sel marin s'est en partie dissocié, qu'une molécule s'est transformée en 0,75 molécule de sodium, 0,75 de chlore, 0,25 de sel ?

C'est là une façon de parler qui semble, au premier abord, bien étrange, en contradiction avec l'expérience ; M. Van t'Hoff, avec tous les chimistes, aurait certes repoussé, — il l'a fait au début d'ailleurs, — une telle conception, si, vers le même moment, un illustre savant suédois, M. Arrhénius, n'avait, par une autre voie, été conduit à la même idée, et en la précisant, la modifiant, ne lui avait donné une forme acceptable.

Un court examen fait aisément apercevoir que tous les corps qui font exception aux lois de Van t'Hoff sont précisément ceux qui sont capables de conduire l'électricité en se décomposant, c'est-à-dire les électrolytes ; la coïncidence est absolue, elle ne saurait être due à un simple hasard.

Or, les phénomènes de l'électrolyse ont, depuis longtemps, imposé une image presque nécessaire; la molécule saline se décompose toujours, on le sait, dans le phénomène électrolytique primaire, en deux éléments que Faraday a appelés les ions; des réactions secondaires viennent sans doute le plus souvent compliquer la question, mais ce sont des actions chimiques rentrant dans les cadres ordinaires et qui n'ont rien à voir avec l'action électrique exercée sur la solution. Le phénomène simple est toujours le même : la décomposition en deux ions, suivie de l'apparition de l'un de ces ions à l'électrode positive, de l'autre à l'électrode négative. Mais comme la plus petite dépense d'énergie suffit pour produire le commencement de l'électrolyse, il est nécessaire de supposer que ces deux ions ne sont réunis par aucune force. Ainsi les deux ions sont en quelque sorte dissociés; Clausius qui, le premier, représenta les phénomènes par ce symbole, supposait, pour ne pas trop heurter le sentiment des chimistes, que cette dissociation ne portait que sur une fraction infinitésimale du nombre total des molécules du sel et par là échappait à tout contrôle.

Cette concession était fâcheuse; l'hypothèse perdait ainsi la plus grande partie de son utilité. M. Arrhénius a été plus hardi et il a admis franchement que la dissociation se produisait immédiatement pour un grand nombre de molécules et qu'elle tendait à devenir de plus en plus grande au fur et à mesure que la solution était plus étendue; la comparaison se poursuit avec un gaz qui, partiellement dissocié dans un espace clos, atteindrait une dissociation intégrale dans un espace infini.

M. Arrhénius fut amené à cette hypothèse par l'examen de résultats expérimentaux relatifs à la conductibilité des électrolytes ; pour interpréter certains faits, l'on doit admettre qu'une partie seulement des molécules, dans une dissolution saline, doit être considérée comme conduisant l'électricité ; qu'en ajoutant de l'eau, on augmente le nombre des molécules conductrices, que cette augmentation, d'abord rapide, devient ensuite lente et se rapproche d'une certaine limite qu'elle atteindrait pour une dilution infinie. Si les molécules conductrices sont les molécules dissociées, la dissociation tend à devenir complète (tout au moins s'il s'agit des acides forts et des sels) pour une dilution infinie.

L'opposition d'un grand nombre de chimistes et de physicieus aux idées de M. Arrhénius fut d'abord très vive ; on doit constater avec regret, qu'en France particulièrement, quelques-uns eurent recours pour les combattre à une arme que les savants manient parfois un peu lourdement, ils plaisantèrent au sujet de ces ions libérés dans la dissolution, ils demandèrent à voir ce chlore, ce sodium qui nagent dans l'eau à l'état de liberté ; mais, en science comme ailleurs, plaisanterie n'est pas raison et l'on dût bientôt reconnaître que l'hypothèse de M. Arrhénius se montrait singulièrement féconde et qu'il fallait y voir, tout au moins, une image très expressive, sinon entièrement conforme à la réalité.

Il serait certainement contraire à toutes les expériences, on peut dire au bon sens lui-même, de supposer que dans le chlorure de sodium dissous, il y a réellement du sodium libre, si ces atomes de sodium étaient entièrement identiques aux atomes ordinaires, mais une grande différence subsiste : les uns sont électrisés, portent une charge positive relativement considérable, inséparable de leur état d'ions, les autres sont à l'état neutre. L'on peut supposer que la présence de cette charge entraîne des modifications aussi profondes que l'on voudra dans les propriétés chimiques de l'atome. Ainsi l'hypothèse sera soustraite à toute discussion d'ordre chimique, puisque, par avance, on la rendra assez plastique pour qu'elle puisse se mouler sur tous les faits connus, et si l'on objecte que le sodium ne peut subsister dans l'eau puisqu'il la décompose instantanément, on répondra simplement que l'ion sodium ne décompose pas l'eau comme le fait le sodium ordinaire.

Toutefois, d'autres objections pourront être présentées qui ne sauraient être réfutées aussi simplement ; il en est une à laquelle les chimistes attachèrent, non sans raison, une grande importance ; si une certaine quantité de chlorure de sodium était dissociée en chlore et sodium, on devrait pouvoir, de quelque façon, par exemple par la diffusion qui permet précisément de mettre en évidence les phénomènes de dissociation dans les gaz, enlever de la solution une partie soit du chlore, soit du sodium tandis que la partie correspondante de l'autre composant subsisterait ; et ce résultat serait en contradiction absolue avec le fait que, partout et toujours, une dissolution de sel contient rigoureusement les mêmes proportions des éléments.

M. Arrhénius a répondu que les forces électriques, dans les conditions ordinaires, empêchent la séparation par diffusion ou par tout autre procédé; M. Nernst a fait plus, il a montré que l'on peut interpréter les courants de concentration qui se produisent quand on plonge deux électrodes de même substance dans deux dissolutions inégalement concentrées, par l'hypothèse que, dans ces conditions particulières, la diffusion amène précisément une séparation des ions. Ainsi l'argument se retournait et la preuve que l'on croyait donner de l'inexactitude de la théorie devenait une raison de plus en sa faveur.

On pourrait, sans doute, citer quelques autres expériences qui ne sont pas très favorables à la manière de voir de M. Arrhénius, mais ce sont des cas isolés et, dans l'ensemble, sa théorie a permis de coordonner bien des faits épars jusque-là, de rattacher les uns aux autres des phénomènes trés variés; elle a suggéré et elle suggère d'ailleurs encore tous les jours des travaux de premier ordre.

Tout d'abord la théorie explique très simplement l'électrolyse : les ions, rendus libres par la dissolution, qui erraient pour ainsi dire au hasard et qui, par suite, avaient dans la liqueur une distribution uniforme s'orientent dans leurs mouvements, dès que l'on plonge dans l'auge électrolytique les deux électrodes reliées aux pôles de l'électro-moteur ; les ions chargés positivement cheminent dans le sens de la force électromotrice, les ions négatifs en sens contraire ; en arrivant aux électrodes ils leur cèdent les charges qu'ils portent et passent ainsi de l'état d'ion à l'état d'atome ordinaire. D'ailleurs, pour que la dissolution reste en équilibre, il faut que les ions disparus soient immédiatement remplacés par d'autres et ainsi l'état d'ionisation de l'électrolyte demeure constant et sa conductibilité persiste.

Toutes les particularités de l'électrolyse se peuvent interpréter : les phénomènes de transport des ions, les belles expériences de M. Bouty, celles de Kohlrausch, d'Ostwald, sur diverses circonstances de la conduction électrolytique fournissent, en somme, des appuis à la théorie ; mais les vérifications peuvent même être quantitatives ; on prévoit des relations numériques entre la conductibilité et d'autres phénomènes.

Les mesures de conductibilité permettent de calculer le nombre des molécules dissociées dans une dissolution donnée et ce nombre se trouve précisément le même que celui auquel on est conduit, si l'on veut faire disparaître le désaccord entre la réalité et les prévisions qui résultent de la théorie de M. Van t'Hoff ; les lois de la cryoscopie, de la tonométrie, de l'osmose redeviennent ainsi rigoureuses, aucune exception ne subsiste.

Si la dissociation des sels est une réalité, et si elle est complète dans une dissolution étendue, une propriété quelconque d'une solution saline devra se représenter numériquement comme la somme de trois valeurs dont l'une concerne l'ion positif, la seconde l'ion négatif et la troisième le dissolvant : les propriétés des solutions seront ce que l'on appelle des propriétés additives. De nombreuses vérifications peuvent être tentées dans des voies très différentes ; elles réussissent en général fort bien ; que l'on mesure la conductibilité électrique, la densité, les chaleurs spécifiques, l'indice de réfraction; que l'on étudie le pouvoir rotatoire; que l'on observe la couleur, le spectre d'absorption, partout la propriété additive se retrouve dans une dissolution.

L'hypothèse, si combattue dans le principe par les chimistes, va d'ailleurs assurer son triomphe par des conquêtes importantes dans le domaine même de la chimie; elle permet immédiatement de donner une explication imagée des réactions; à l'ancienne devise des chimistes : « *Corpora non agunt, nisi soluta* », elle substitue une devise moderne : « *Ce sont surtout les ions qui réagissent* », ainsi, par exemple, tous les sels de fer, qui renferment du fer à l'état d'ions, donnent des réactions semblables, mais les sels, tel que le ferrocyanure de potassium, où le fer ne joue pas le rôle d'un ion, ne donnent jamais les réactions caractéristiques du fer.

M. Ostwald et ses élèves ont tiré de l'hypothèse d'Arrhénius des conséquences multiples qui ont amené des progrès considérables dans la physico-chimie; M. Ostwald a montré, en particulier, comment elle permet, cette hypothèse, le calcul quantitatif des conditions d'équilibre des électrolytes et des solutions, et spécialement des phénomènes de neutralisation. Si un sel dissous est partiellement dissocié en ions, cette dissolution doit être limitée par un équilibre entre la molécule non dissociée et les deux ions résultant de la dissociation, et, assimilant le phénomène au cas des gaz, on peut étendre à son étude les lois de Gibbs et de Guldberg et Waage. Ces résultats sont généralement très satisfaisants, et, chaque jour, de nouvelles recherches, fournissent de nouveaux contrôles.

M. Nernst, qui avait déjà donné, on l'a dit plus haut, une interprétation remarquable de la diffusion des électrolytes a, dans la voie indiquée par M. Arrhénius, développé une théorie d'ensemble de tous les phénomènes de l'électrolyse qui, en particulier, fournit une explication saisissante du mécanisme de la production des forces électromotrices dans les piles.

Étendant l'analogie si heureusement invoquée déjà entre les phénomènes que l'on rencontre dans les dissolutions et ceux qui se produisent dans les gaz, M. Nernst suppose que les métaux tendent, en quelque sorte, à se vaporiser quand ils sont mis en présence d'un liquide. Un morceau de zinc introduit, par exemple, dans de l'eau pure donne naissance à quelques ions métalliques; ces ions se chargent positivement, tandis que le métal prend naturellement une charge égale et de signe contraire, ainsi, la dissolution et le métal sont tous deux électrisés; mais cette sorte de vaporisation du métal est précisément contrariée par l'attraction électrostatique, et, comme les charges liées aux ions sont considérables, il y aura équilibre, alors que le nombre d'ions entrés dans la dissolution sera très faible.

Si le liquide, au lieu d'être un dissolvant tel que l'eau pure, renferme un électrolyte, il contient déjà des ions métalliques dont la pression osmotique peut s'opposer à la dissolution; trois cas pourront se présenter : ou bien il y aura équilibre, ou bien l'attraction électrostatique s'opposera à la pression de dissolution et le métal se chargera négativement, ou bien l'attraction s'exercera dans le même sens et le métal prendra une charge positive, tandis que la dissolution se chargera négativement; développant cette idée, M. Nernst calcule, en évaluant, par l'intermédiaire du travail des pressions osmotiques, les variations d'énergie mises en jeu, la valeur des différences de potentiel au contact des électrodes et des électrolytes; il en déduit la force électromotrice d'un élément de pile qui se trouve ainsi reliée aux valeurs des pressions osmotiques, ou, si l'on préfère, grâce à la relation découverte par Van t' Hoff, aux concentrations.

Ainsi se trouvent rattachés à un groupe déjà bien important des phénomènes électriques particulièrement intéressants, et un nouveau pont est construit qui réunit deux régions longtemps considérées comme étrangères l'une à l'autre.

Les découvertes récentes sur les phénomènes qui se produisent dans les gaz rendus conducteurs de l'électricité imposent, nous le verrons, presque comme une nécessité inéluctable l'idée qu'il existe dans ces gaz des centres électrisés se mouvant dans le champ ; et cette idée donne une vraisemblance plus grande encore à la théorie analogue qui explique le mécanisme de la conductibilité des liquides.

Il importe d'ailleurs, pour éviter des confusions qui se pourraient produire ultérieurement, de préciser encore cette notion d'ion électrolytique, de voir quelle est la grandeur de ces ions, de connaître la charge qu'ils portent, les vitesses qui les animent.

Les deux lois classiques de Faraday vont nous fournir des renseignements précieux : la première indique que la quantité d'électricité qui traverse le liquide est proportionnelle à la quantité de matière déposée sur les électrodes, elle conduit immédiatement à considérer que, dans une dissolution donnée, tous les ions possèdent des charges individuelles égales en valeur absolue.

La seconde loi peut s'énoncer en disant qu'un atome-gramme de métal transporte dans l'électrolyse une quantité d'électricité proportionnelle à sa valence.

Des expériences nombreuses ont fait connaître la masse totale d'hydrogène capable de transporter un coulomb, il sera donc possible d'évaluer la charge d'un ion d'hydrogène, si l'on sait combien il y a d'atomes d'hydrogène dans une masse donnée ; ce dernier nombre nous a déjà été fourni par des considérations empruntées à la théorie cinétique ; il est en accord avec celui qu'on pourrait déduire de l'étude de divers phénomènes. Le résultat est qu'un ion d'hydrogène ayant une masse de $1{,}3 \times 10^{-24}$ grammes porte une charge de $1{,}3 \times 10^{-20}$ unités électromagnétiques ; et la seconde loi permettra d'évaluer immédiatement la charge de n'importe quel autre ion.

Les mesures de conductibilité, jointes à certaines considérations relatives aux différences de concentrations qui apparaissent dans l'électrolyse autour de l'électrode, permettent de calculer la vitesse des ions ; pour un liquide qui contiendrait $\frac{1}{10}$ d'hydrogène-ion par litre, la vitesse absolue d'un ion serait de $\frac{3}{10}$ de millimètre par seconde dans un champ où la chute de potentiel serait de 1 volt par centimètre. M. Lodge, qui a institué des expériences directes pour mesurer cette vitesse, trouve un nombre très voisin ; cette valeur est très petite par rapport à celle qui se rencontrera dans les gaz.

Une autre conséquence des lois de Faraday, sur laquelle, dès 1881, Helmholtz attirait l'attention, peut être considérée comme le point de départ de certaines doctrines nouvelles que nous retrouverons plus loin.

Helmholtz disait : « Si nous acceptons l'hypothèse que les corps simples sont composés d'atomes, nous sommes obligés d'admettre que, pareillement, l'électricité positive ou négative est composée de parties élémentaires qui se comportent comme des atomes d'électricité ».

La seconde loi semble bien, en effet, analogue à la loi des proportions multiples en chimie, elle nous montre que les quantités d'électricité transportées varient du simple au double ou au triple suivant qu'il s'agit d'un métal mono, bi ou trivalent, et comme la loi chimique conduit à la conception de l'atome matériel, la loi électrolytique suggère l'idée d'un atome électrique.

CHAPITRE VI

L'Éther.

§ 1. — L'ÉTHER LUMINEUX

On trouve dans les œuvres de Descartes la première idée d'attribuer les phénomènes physiques, que les propriétés de la matière ne suffisent pas à expliquer, à une matière subtile qui serait le réceptacle de l'énergie universelle.

De nos jours, cette idée eut une fortune extraordinaire; après avoir été éclipsée pendant deux cents ans par le succès de l'immortelle synthèse de Newton, elle reprit, avec Fresnel et ses continuateurs, un éclat tout nouveau; grâce à leurs admirables découvertes, une première étape paraissait franchie, les lois de l'optique étaient représentées par une hypothèse unique, merveilleusement apte à faire prévoir des phénomènes tout à fait inconnus, et toutes ces prévisions étaient vérifiées ensuite pleinement par l'expérience. Mais les travaux de Faraday, de Maxwell et de Hertz autorisèrent des ambitions plus vastes encore, il semblait bien que ce milieu, auquel on est convenu d'attribuer le nom antique d'éther et qui expliquait déjà la lumière et la chaleur rayonnante, allait suffire aussi pour expliquer l'électricité ; ainsi se précisait l'espoir d'arriver à démontrer l'unité des forces physiques ; la connaissance des lois relatives aux mouvements intimes de cet éther donnerait la clef de tous les phénomènes et permettrait de connaître la façon dont s'emmagasine, se transmet et se partage l'énergie dans ses manifestations extérieures.

On ne saurait étudier ici tous les problèmes qui se rattachent à la physique de l'éther, il faudrait pour cela écrire un traité complet d'optique et un traité très long d'électricité. On cherchera seulement à montrer rapidement comment ont évolué, en ces dernières années, les idées relatives à la constitution de cet éther, et l'on examinera si l'on peut, sans illusion, penser qu'un milieu unique permet vraiment de grouper tous les faits connus dans une grandiose coordination.

Telle qu'elle fut construite par Fresnel, l'hypothèse de l'éther lumineux, qui eut tant de mal, à ses débuts, à vaincre la résistance acharnée des partisans de la théorie, alors classique, de l'émission, parut au contraire dans la suite d'une solidité inébranlable. Lamé, mathématicien prudent cependant, écrivait : « *L'existence* du fluide éthéré est *incontestablement démontrée* par la propagation de la lumière dans les espaces planétaires, par l'explication si simple, si complète des phénomènes de la diffraction dans la théorie des ondes » ; et il ajoutait : « Les lois de la double réfraction prouvent avec non moins de certitude que *l'éther existe* dans tous les milieux diaphanes. »

Ainsi l'éther n'était plus une hypothèse mais en quelque sorte une réalité tangible; ce fluide éthéré dont on proclamait l'existence avait d'ailleurs de singulières propriétés.

S'il ne s'agissait que d'expliquer la propagation rectiligne, la réflexion, la réfraction, la diffraction et les interférences, malgré les graves difficultés rencontrées dans les débuts et les objections formulées par Laplace et Poisson, dont quelques-unes n'ont pas, quoiqu'on les traite aujourd'hui assez légèrement, perdu toute valeur, l'on ne serait tenu de faire d'autre hypothèse que celle des ondulations d'un milieu élastique, sans rien préjuger sur la nature et sur la direction des vibrations.

Ce milieu devrait naturellement, puisqu'il existe dans ce que nous appelons le vide, être considéré comme impondérable; on pourrait le comparer à un fluide, de masse négligeable puisqu'il n'oppose aucune résistance sensible au mouvement des astres, mais doué d'un élasticité énorme puisque la vitesse de propagation de la lumière est considérable, susceptible de pénétrer dans tous les corps transparents en y conservant, si l'on veut, une élasticité constante, mais en se condensant puisque la vitesse de propagation dans ces corps est plus faible que dans le vide; de telles propriétés n'appartiendraient à aucun gaz matériel même raréfié, mais elles ne comportent aucune contradiction essentielle, et c'est là le point important.

C'est l'étude des phénomènes de polarisation qui a amené Fresnel à sa conception si hardie des vibrations transversales, et qui l'a conduit par suite à pénétrer plus avant dans la constitution de l'éther.

On connaît l'expérience d'Arago sur la non-interférence des rayons polarisés dans des plans rectangulaires : tandis que deux systèmes d'ondes, provenant d'une même source de lumière naturelle et se propageant dans des directions presque parallèles, s'ajoutent ou se détruisent suivant que les moitiés des ondes superposées sont de même signe ou de signes contraires, les ondes des rayons polarisés dans des plans perpendiculaires ne sauraient, au contraire, jamais interférer; toujours, quelle que soit la différence de marche, l'intensité de la lumière est la somme des intensités des deux rayons.

Fresnel a compris que cette expérience obligeait absolument à rejeter l'hypothèse des vibrations longitudinales s'exécutant suivant la ligne de propagation, dans le sens des rayons; il faut, de toute nécessité, pour l'expliquer, admettre, au contraire, que les vibrations sont transversales, perpendiculaires au rayon. Verdet a pu dire en toute vérité : « On ne peut nier la direction transversale des vibrations lumineuses, sans nier en même temps que la lumière consiste dans un mouvement ondulatoire. »

Mais de telles vibrations n'existent pas et ne sauraient exister dans un milieu analogue à un fluide, le propre du fluide est que ses différentes parties peuvent se déplacer les unes par rapport aux autres, sans qu'aucune réaction apparaisse, tant qu'on ne vient pas à produire une variation de volume; il peut bien, nous l'avons vu, exister quelques traces de rigidité dans un liquide, mais on ne peut en concevoir dans un corps infiniment plus subtil que le gaz raréfié; seuls, parmi les corps matériels, les solides possèdent vraiment la rigidité suffisante pour que des vibrations transversales puissent s'y produire et s'y maintenir dans la propagation.

Puisque nous devons attribuer à l'éther une semblable propriété, nous pourrons dire qu'il ressemble par ce côté à un solide et lord Kelvin a montré que ce solide serait beaucoup plus rigide que l'acier lui-même.

Cette conclusion produit sur tous ceux qui l'entendent énoncer pour la première fois un grand sentiment de surprise et il n'est pas rare de la voir invoquer comme argument contre l'existence réelle de l'éther. Il ne semble pas cependant qu'un tel argument soit décisif : il n'y a aucune raison de penser que l'éther doive être, en quelque sorte, le prolongement des corps que nous sommes habitués à manier; ses propriétés peuvent étonner nos habitudes, mais cet étonnement peu scientifique n'est pas une raison de douter de son existence. De véritables difficultés apparaîtraient seulement si l'on était conduit à lui attribuer, à cet éther, non pas des propriétés singulières, ne se présentant pas, à l'ordinaire, réunies dans une seule et même substance, mais des propriétés logiquement contradictoires. Et, en somme, quelque bizarre que nous semble un milieu semblable à celui-là, on ne saurait dire qu'il y a incompatibilité absolue entre ses attributs.

On peut même, si l'on veut, proposer quelques images capables de représenter ces apparences contraires. Divers auteurs l'ont fait : ainsi, M. Boussinesq imagine que l'éther se comporte comme un gaz très raréfié à l'égard des corps célestes, parce que ceux-ci se meuvent, baignés par lui en tous sens, avec une lenteur relative et lui permettent de conserver pour ainsi dire son homogénéité parfaite, au contraire, les ondulations sont si rapides que pour elles les conditions deviennent très différentes, la fluidité n'a pour ainsi dire plus le temps d'intervenir, la rigidité seule apparaît.

Une autre conséquence, très importante en principe, de ce fait que les vibrations lumineuses sont transversales a été bien mise en évidence par Fresnel; il a montré comment l'on était obligé, pour comprendre l'action qui provoque le glissement sans condensation des tranches successives de l'éther dans la propagation d'une vibration, de considérer le milieu vibratoire comme composé de molécules séparées par des distances finies. Certains auteurs ont bien proposé des théories dans lesquelles les actions à distance de ces molécules sont remplacées par des actions de contact entre des parallélipipèdes glissant les uns sur les autres, mais, dans le fond, les deux manières de voir conduisent l'une et l'autre à concevoir que l'éther est un milieu discontinu, comme la matière elle-même.

Les idées tirées des expériences les plus récentes nous ramèneront aussi à cette conclusion.

§ 2. — LES RADIATIONS

Dans cet éther ainsi constitué se propagent donc des vibrations transversales au sujet desquelles toutes les expériences d'optique fournissent les renseignements les plus précis.

L'amplitude de ces vibrations est excessivement petite, même par rapport aux longueurs d'onde si petites elles-mêmes. Si, en effet, l'amplitude des vibrations prenait une valeur notable par rapport à la longueur d'onde, la vitesse de propagation devrait croître avec cette amplitude et, malgré de curieuses expériences qui semblent bien établir que la vitesse de la lumière change un peu avec l'intensité, nous sommes fondés à croire que, pour la lumière, l'amplitude des oscillations est incomparablement plus petite par rapport à la longueur d'onde que pour le son.

L'usage s'est perpétué de caractériser chaque vibration par le chemin que parcourt dans le vide le mouvement vibratoire durant le temps d'une vibration, par la longueur d'onde en un mot, plutôt que par la durée même de la vibration. Pour mesurer les longueurs d'onde, il faut employer des méthodes auxquelles j'ai déjà fait allusion à propos des mesures de longueur. M. Michelson, d'une part, MM. Perot et Fabry, de l'autre, ont imaginé des procédés extrêmement ingénieux qui ont conduit à des résultats d'une précision vraiment inespérée ; d'ailleurs, la connaissance très exacte de la vitesse de propagation de la lumière permet de calculer la durée d'une vibration quand on connaît la longueur d'onde ; l'on trouve ainsi que pour la lumière visible, le nombre des vibrations par seconde varie, quand on passe du violet extrême à l'infra-rouge, de huit cents à quatre cents trillions par seconde.

Cette gamme n'est pas la seule cependant que puisse donner l'éther ; depuis longtemps, on connaît les radiations ultra-violettes encore plus rapides, les infra-rouges plus lentes au contraire, mais dans ces dernières années, le champ des radiations connues a été singulièrement élargi des deux côtés.

C'est à M. Rubens et à ses collaborateurs que l'on doit les plus belles conquêtes faites du côté des grandes longueurs d'onde.

M. Rubens avait remarqué que, dans l'étude des grandes longueurs d'onde, la difficulté des recherches provient de ce que les ondes extrêmes du spectre infra-rouge ne renferment qu'une faible part de l'énergie totale émise par un corps incandescent, de sorte que, si, pour les étudier, on les disperse encore par un prisme ou par un réseau, l'intensité en un point devient si faible qu'elle n'est plus observable. L'idée originale fut d'obtenir, sans prisme ni réseau, un faisceau homogène de grande longueur d'onde suffisammeut intense pour être étudié ; à cet effet, la source radiante est une lame de platine recouverte de fluorine ou de quartz en poudre, qui émet des radiations nombreuses au voisinage de deux bandes d'absorption linéaires qui existent dans les spectres d'absorption de la fluorine et du quartz et dont l'une est située dans l'infra-rouge.

Les radiations ainsi émises se réfléchissent plusieurs fois sur de la fluorine ou sur du quartz et, comme au voisinage des bandes, l'absorption est de l'ordre de celle des corps métalliques pour les rayons lumineux, on ne rencontrera plus dans le faisceau plusieurs fois réfléchi, dans les rayons *restants*, après cette sorte de filtration, que des radiations de grande longueur d'onde. Ainsi, par exemple, dans le cas du quartz, au voisinage d'une radiation correspondant à une longueur d'onde de 8µ 5, l'absorption est trente fois plus grande dans la région de la bande que dans la région voisine, et, par suite, après trois réflexions, tandis que les radiations correspondantes ne seront pas affaiblies, les ondes voisines le seront au contraire dans le rapport de 1 à 27,000.

Avec des miroirs de sel gemme et de sylvine, on a obtenu, en prenant un bec Auer comme source, des radiations allant jusqu'à 70µ ; ce sont les plus grandes longueurs d'onde observées dans les phénomènes optiques. Ces radiations sont grandement absorbées par la vapeur d'eau et c'est sans doute par suite de cette absorption qu'on ne les trouve point dans le spectre solaire ; en revanche, elles traversent aisément la gutta-percha, le caoutchouc, en général les substances isolantes.

Du côté opposé du spectre, les régions connues dans l'ultra-violet ont été très étendues par les travaux de Lenard. Ces radiations extrêmement rapides ont été décelées par l'éminent physicien dans la lumière des étincelles électriques qui éclatent entre deux pointes de métal et que l'on produit à l'aide d'une grosse bobine d'induction reliée à un condensateur et actionnée par un interrupteur de Wehnelt. M. Schumann a pu les photographier, en déposant directement du bromure d'argent sur des plaques sans le fixer par de la gélatine ; il a, par le même procédé, photographié dans le spectre de l'hydrogène une raie dont la longueur d'onde est seulement de 0µ 1. Le spectroscope n'était formé que de spath fluor et on y avait fait le vide, car ces radiations sont extrêmement absorbables par l'air.

Malgré l'extrême petitesse des longueurs d'ondes lumineuses, on a réussi, après de nombreux essais infructueux, à obtenir des ondes stationnaires analogues à celles qui, dans le cas du son, se produisent dans les tuyaux sonores.

On connaît la merveilleuse application que M. Lippmann a faite de ces ondes pour résoudre d'une façon complète le problème de la photographie des couleurs. Cette découverte, si importante par elle-même et si instructive puisqu'elle nous montre comment les prévisions les plus délicates de la théorie se vérifient dans toutes leurs conséquences et conduisent le physicien à la solution des problèmes posés par la pratique, est devenue à juste titre rapidement populaire et il n'est sans doute pas utile de la décrire ici en détail.

M. Wiener avait obtenu, un peu auparavant, des ondes stationnaires dans une couche d'une substance sensible dont le grain était suffisamment petit par rapport à la longueur d'onde ; son but était de résoudre une question importante pour la connaissance complète de l'éther :

Fresnel a fondé sa théorie de la double réfraction et celle de la réflexion par les surfaces transparentes sur l'hypothèse que la vibration d'un rayon de lumière polarisée est perpendiculaire au plan de polarisation. Mais Neumann a proposé, au contraire, une théorie où il admet que la vibration lumineuse est dans ce plan lui-même ; en outre, il suppose, contrairement à l'idée de Fresnel, que la densité de l'éther reste la même dans tous les milieux, tandis que son coefficient d'élasticité est variable.

De très remarquables expériences de M. Carvallo sur la dispersion prouvaient bien que l'idée de Fresnel était, sinon nécessaire à adopter, du moins la plus probable des deux, mais à part cette indication contraire à l'hypothèse de Neumann, les deux théories, au point de vue de l'explication de tous les faits connus, semblaient bien équivalentes. Se trouvait-on en présence de deux explications mécaniques différentes, mais s'adaptant néanmoins toutes deux à tous les faits, entre lesquelles il serait à jamais impossible de faire un choix? Arriverait-on, au contraire à réaliser, un *experimentum crucis*, une expérience située au point de croisement des deux théories et qui trancherait définitivement la question?

M. Wiener croyait pouvoir tirer de son expérience une conclusion ferme sur le point en litige; produisant des ondes stationnaires avec de la lumière polarisée sous un angle de 45°, il établissait que, quand la lumière est polarisée dans le plan d'incidence, les franges persistent, qu'elles disparaissaient au contraire quand la lumière est polarisée perpendiculairement à ce plan. Si l'on admet que l'impression photographique résulte de la force vive du mouvement vibratoire de l'éther, la question est, en effet, complètement élucidée, le différend est tranché en faveur de Fresnel.

Mais M. H. Poincaré a fait remarquer que nous ne savons rien sur le mécanisme de l'impression photographique; on ne saurait considérer comme évident que c'est l'énergie cinétique de l'éther qui produit la décomposition du sel sensible; et si l'on supposait au contraire que l'impression est due à l'énergie potentielle, toutes les conclusions seraient inversées, l'idée de Neumann triompherait.

Récemment, un physicien très adroit et connu par de beaux travaux dans le domaine de l'optique, M. Cotton, a repris l'étude des ondes stationnaires ; il a fait des expériences de mesure très précises et il a démontré, à son tour, qu'on ne saurait, même avec des ondes sphériques, arriver à déterminer duquel des deux vecteurs, que l'on a à envisager dans toutes les théories de la lumière au sujet des phénomènes de la polarisation, dépendent l'intensité lumineuse et l'action chimique.

Aussi bien, la question ne se pose plus pour les physiciens qui admettent que les vibrations lumineuses sont des oscillations électriques ; quelle que soit alors l'hypothèse faite, que ce soit la force électrique ou, au contraire, la force magnétique que l'on place dans le plan de polarisation, le mode de propagation prévu sera toujours d'accord avec les faits observés.

§ 3. — L'ÉTHER ÉLECTROMAGNÉTIQUE

L'idée d'attribuer les phénomènes de l'électricité à des perturbations se produisant dans le milieu qui transmet la lumière remonte déjà très loin, les physiciens qui assistaient au triomphe des théories de Fresnel ne pouvaient manquer d'avoir la pensée que ce fluide, qui remplit tout l'espace et qui pénètre dans tous les corps, pouvait jouer aussi un rôle prépondérant dans les actions électriques.

Quelques-uns firent même, à cet égard, des hypothèses trop hâtives; l'heure n'était pas venue, et l'on ne pouvait encore les asseoir, ces hypothèses, sur une base suffisamment solide, les faits connus n'étaient pas assez nombreux pour permettre les précisions nécessaires.

Aussi les fondateurs de l'électricité moderne crurent-ils plus sage d'adopter, en face de l'électricité, l'attitude qu'avait prise Newton à l'égard de la gravitation. « Observer d'abord les faits, en varier les circonstances autant qu'il est possible, accompagner ce premier travail de mesures précises pour en déduire des lois générales, uniquement fondées sur l'expérience, et déduire de ces lois, indépendamment de toute hypothèse sur la nature des forces qui produisent les phénomènes, la valeur mathématique de ces forces, c'est-à-dire la formule qui les représente, telle est la marche qu'a suivie Newton. Elle a été, en général, adoptée en France par les savants auxquels la physique doit les immenses progrès qu'elle a faits dans ces derniers temps, et c'est elle qui m'a servi de guide dans toutes mes recherches sur les phénomènes électrodynamiques... C'est pour cela que j'ai évité de parler des idées que je pouvais avoir sur la nature de la cause des forces qui émanent des conducteurs voltaïques. » Ainsi s'exprime Ampère; l'illustre physicien considérait avec raison les résultats auxquels il était arrivé par cette sage méthode comme comparables aux lois de l'attraction, mais il savait que, cette première étape franchie, l'on devrait aller plus loin encore, que l'évolution des idées continuerait nécessairement.

« Quelle que soit, ajoutait-il, la cause physique à laquelle on veuille rapporter les phénomènes produits par l'action électrodynamique, la formule que j'ai obtenue restera toujours l'expression des faits, » et il indiquait explicitement que si l'on parvenait à déduire sa formule de la considération des vibrations d'un fluide répandu dans l'espace, on ferait un pas énorme dans cette partie de la physique, mais que cette recherche lui semblait prématurée et qu'elle ne changerait rien aux résultats de son travail, puisque, pour s'accorder avec les faits, il faudrait toujours que l'hypothèse adoptée s'accordât avec la formule qui les représente complètement.

Il n'est pas sans intérêt d'observer qu'Ampère lui-même, malgré sa prudence, faisait bien, en réalité, quelque hypothèse et qu'il admettait que les phénomènes électriques étaient régis par les lois de la mécanique, mais les principes de Newton paraissaient alors inébranlables.

C'est Faraday qui, le premier, montra par des expériences claires, l'influence des milieux dans les phénomènes électriques et magnétiques et qui attribua cette influence à des modifications de l'éther que ces milieux renferment.

Sa conception fondamentale fut de rejeter les actions à distance et de localiser dans l'éther l'énergie dont l'évolution est la cause des actions qui se manifestent, par exemple, dans la décharge d'un condensateur.

Considérons un corps de pompe, placé dans le vide et fermé par deux pistons opposés, introduisons entre les deux pistons une certaine masse d'air ; les deux pistons, à cause de la force élastique du gaz, se repoussent avec une force qui, d'après la loi de Mariotte, varie en raison inverse de la distance ; la méthode préconisée par Ampère permettrait tout d'abord de découvrir cette loi de répulsion entre les deux pistons, alors même qu'on ne soupçonnerait pas l'existence d'un gaz enfermé dans le corps de pompe ; il serait alors naturel de localiser l'énergie potentielle du système à la surface des deux pistons. Mais que l'on fasse du phénomène une étude plus attentive, on découvrira la présence de l'air, on comprendra que chaque partie du volume de cet air pourrait, si on l'enlevait dans un récipient de volume égal, emporter avec lui une fraction de l'énergie du système et que, par suite, cette énergie appartient véritablement à l'air et non aux pistons qui sont là uniquement pour lui permettre, à cette énergie, de manifester son existence.

Faraday fit, en quelque sorte, une découverte équivalente, lorsqu'il aperçut que l'énergie électrique peut ne pas appartenir aux armatures d'un condensateur mais au diélectrique qui les sépare ; ses vues hardies lui revélaient un monde nouveau, mais il fallait pour explorer ce monde, une méthode plus patiente et plus sûre.

Maxwel parvint à préciser, sur certains points, les idées de Faraday, il leur donna la forme mathématique qui en impose souvent à tort aux physiciens, mais qui, cependant, lorsqu'elle enveloppe exactement une théorie, est une preuve certaine que cette théorie est, pour le moins, cohérente et logique.

L'œuvre de Maxwell est touffue, complexe, difficile à lire, souvent mal comprise aujourd'hui encore. Maxwell se préocupe plutôt de rechercher s'il est possible de donner une explication des phénomènes électriques et magnétiques fondée sur les propriétés mécaniques d'un milieu unique, que de préciser cette explication elle-même ; il sait que si l'on arrivait à construire une telle interprétation, il deviendrait facile d'en proposer une infinité d'autres qui seraient, au point de vue des conséquences vérifiables par l'expérience, entièrement équivalentes ; aussi son ambition est-elle, avant tout, de dégager une vue générale, de mettre en évidence ce qui resterait le bien commun de toutes les théories.

Il parvient à montrer que, si l'on considère l'énergie électrostatique d'un champ électromagnétique comme représentant l'énergie potentielle et son énergie électrodynamique comme représentant l'énergie cinétique, il est possible de satisfaire au principe de la moindre action et à celui de la conservation de l'énergie ; dès lors on doit considérer comme démontrée — si l'on fait abstraction de quelques difficultés qui subsistent relativement à la stabilité des solutions — la possibilité de trouver des explications mécaniques des phénomènes électromagnétiques.

Il arrive d'ailleurs ainsi à préciser la notion des

deux champs électrique et magnétique qui se produisent en tous les points de l'espace et qui sont étroitement solidaires l'un de l'autre, puisque la variation de l'un donne immédiatement et obligatoirement naissance à l'autre.

De cette hypothèse, il déduisait que, dans le milieu où cette énergie se localise, une onde électromagnétique se propage avec une vitesse égale au rapport des unités de masse électrique dans les systèmes électromagnétique et électrostatique.

Or, les expériences connues dès son époque prouvaient que ce rapport est numériquement égal à la vitesse de la lumière, et les mesures plus précises, effectuées dans la suite, parmi lesquelles il convient de citer celles particulièrement soignées de M. H. Abraham, n'ont fait que rendre plus complète encore la coïncidence.

Il est, dès lors, naturel de penser que ce milieu est identique à l'éther lumineux et qu'une onde lumineuse est elle-même une onde électromagnétique, c'est-à-dire une suite de courants alternatifs qui se produisent dans le diélectrique et même dans le vide, qui ont une fréquence énorme puisqu'ils changent de sens jusqu'à des quatrillions de fois par seconde et qui, à cause de cette fréquence, produisent des effets d'induction considérables.

Maxwell n'admettait pas l'existence de courants ouverts ; pour lui, la vibration électrique ne pouvait donc pas produire des condensations d'électricité : elle était par suite nécessairement transversale et coïncidait ainsi avec la vibration de Fresnel ; tandis que la vibration magnétique correspondante lui était perpendiculaire et aurait coïncidé avec la vibration lumineuse de Neumann.

La théorie de Maxwell établit ainsi une corrélation étroite entre les phénomènes de l'onde lumineuse et ceux de l'onde électromagnétique, disons même, si l'on veut, une identité complète; il n'en résulte pas cependant que l'on doive envisager une variation d'un champ électrique se produisant en un point comme consistant nécessairement en un déplacement véritable de l'éther autour de ce point.

L'idée de faire rentrer ainsi le phénomène électrique dans la mécanique de l'éther ne s'impose pas et l'idée inverse apparaîtrait même comme plus vraisemblable. Ce n'est pas l'optique de Fresnel qui absorbe l'électricité, c'est plutôt cette optique qui est englobée dans une théorie plus générale.

Ainsi apparaissent assez vaines, et quelque peu puériles, les tentatives des vulgarisateurs qui s'efforcent de représenter, dans tous les détails, le mécanisme des phénomènes électriques; il devient inutile de chercher à quel corps matériel l'éther pourrait bien être comparable, si l'on se contente d'y voir un milieu dont, en chaque point, deux vecteurs définissent les propriétés.

Aussi bien, depuis longtemps, on pouvait remarquer que la théorie de Fresnel suppose simplement un milieu où quelque chose de périodique se propage sans qu'il soit nécessaire d'admettre que ce quelque chose est un mouvement; mais il fallut arriver, non seulement à Maxwell, mais jusqu'à Hertz pour que cette idée prît véritablement figure scientifique.

Hertz a insisté sur ce fait que les six équations du champ électrique permettent de prévoir tous les phénomènes, sans qu'il soit nécessaire de construire telle ou telle hypothèse particulière, et il a donné à ces équations une forme très symétrique qui met complètement en évidence la réciprocité parfaite entre les actions électriques et magnétiques.

Il fit plus encore, puisqu'il apporta aux idées de Maxwell la confirmation la plus éclatante par ses mémorables recherches sur les oscillations électriques.

§ 4. — LES OSCILLATIONS ÉLECTRIQUES

Les expériences de Hertz sont bien connues; on sait comment le physicien de Bonn développa, au moyen de décharges électriques oscillantes, dans tout l'espace environnant l'*excitateur*, des courants de déplacement et des effets d'induction, ou bien encore provoqua, en un point d'un fil, par induction, une perturbation qui se propage ensuite le long de ce fil, et comment un *résonateur* lui permit de déceler les effets produits.

Le résultat capital, mis en évidence par l'observation de phénomènes d'interférence, vérifié ensuite directement par M. Blondlot, est que la perturbation électromagnétique se propage bien avec la vitesse de la lumière, et ce résultat condamne sans retour toutes les hypothèses qui n'attribueraient aucun rôle aux milieux intermédiaires dans la propagation d'un phénomène d'induction.

Si, en effet, l'action inductrice s'exerçait à distance, directement entre un circuit inducteur et le circuit induit, la propagation devrait être instantanée, car, s'il se produisait un intervalle entre le moment où la cause agit et celui où l'effet se produit, durant cet intervalle il n'y aurait plus rien en aucun endroit, puisque le milieu interposé n'intervient pas, et dès lors le phénomène s'évanouirait.

Laissant de côté les multiples conséquences d'ordre purement électrique et les recherches nombreuses relatives à la production ou aux propriétés des ondes, et dont quelques-unes telles que celles de MM. Sarrazin et de la Rive, Righi, Turpain, Lebedew, Decombe, Barbillon, Drude, Gutton, Lamotte, Lecher, etc., sont de premier ordre, on ne retiendra ici que les travaux destinés plus particulièrement à établir l'identité des ondes électromagnétiques et des ondes lumineuses.

Les seules différences qui subsistent nécessairement sont celles qui sont dues à l'écart considérable qui existe entre les durées des périodes de ces deux catégories d'onde. La longueur d'onde correspondant au premier excitateur de Hertz était d'environ 6 mètres; les ondes les plus longues que la rétine puisse percevoir ont $\frac{7}{10}$ de millièmes de millimètres!

Une telle distance sépare ces radiations qu'on ne saurait s'étonner que les propriétés n'aient pas une parfaite similitude; ainsi des phénomènes comme les phénomènes de diffraction, négligables dans les conditions ordinaires où l'on observe la lumière, peuvent prendre ici une importance prépondérante : pour jouer, par exemple, avec les ondes de Hertz, le rôle que joue à l'égard de la lumière un miroir d'un millimètre carré, il faudrait déjà un miroir d'une surface colossale qui atteindrait un myriamètre carré.

Les efforts des physiciens ont aujourd'hui comblé, en grande partie, cet intervalle, et, des deux rives à la fois, on a travaillé à jeter un pont entre les deux domaines.

On a vu comment Rubens avait mis en évidence des ondes calorifiques d'une longueur de 60 microns ; d'autre part, MM. Lecher, Bose, Lampa, parvinrent successivement à obtenir des oscillations dont la période était de plus en plus petite ; l'on a produit, et l'on étudie aujourd'hui, des ondes électromagnétiques de 4 millimètres ; la lacune qui subsiste dans le spectre entre les rayons restant de la sylvine et les radiations de M. Lampa ne comprend plus guère que cinq octaves, c'est-à-dire un intervalle sensiblement égal à celui qui sépare les rayons observés par M. Rubens des derniers rayons perceptibles à l'œil.

L'analogie devient alors tout à fait étroite, et dans les rayons restants apparaissent déjà les propriétés qui étaient, pour ainsi dire, caractéristiques des ondes hertziennes ; pour ces rayons, nous l'avons vu, les corps les plus transparents sont les isolants électriques les plus parfaits, tandis que les corps encore un peu conducteurs sont entièment opaques ; l'indice de réfraction de ces substances tend, pour les grandes longueurs d'onde, à devenir, comme la théorie le fait prévoir, voisin de la racine carrée de la constante diélectrique.

MM. Rubens et Nichols ont même produit avec

les rayons restants, des phénomènes de résonance électrique tout à fait semblables à ceux qu'un savant italien, M. Garbasso, avait obtenus avec les ondes électriques.

Ce physicien avait montré que, si l'on fait arriver les ondes électriques sur une planche de bois portant à sa surface une série de résonateurs parallèles entre eux et uniformément répartis, ces ondes sont à peine réfléchies, sauf dans le cas où ces résonateurs ont la même période que l'excitateur. Avec les rayons restants, tombant sur un plan de verre argenté et divisé, à l'aide d'un diamant monté sur une machine à diviser, en petits rectangles de dimensions égales, on observe des variations du pouvoir réflecteur suivant l'orientation des rectangles, dans des conditions entièrement comparables à l'expérience de Garbasso.

Il faut, pour que le phénomène se produise, que les rayons restants soient, au préalable, polarisés; c'est, qu'en effet, le mécanisme employé pour produire les oscillations électriques donne évidemment des vibrations qui s'effectuent dans un seul plan et qui sont par suite polarisées.

On ne saurait donc assimiler entièrement une radiation provenant d'un excitateur et un rayon de lumière naturelle. Pour que la synthèse de la lumière fut réalisée, il faudrait d'ailleurs satisfaire encore à d'autres conditions; pendant la durée d'une impression lumineuse, l'orientation, la phase changent des millions de fois pour la vibration sensible à la rétine, d'ailleurs l'amortissement de cette vibration est très lent; avec les oscillations hertziennes, toutes ces conditions sont différentes, l'amortissement est très rapide, l'orientation reste invariable.

Chaque fois, cependant, qu'il s'agira de phénomènes généraux, indépendants de ces conditions spéciales, le parallélisme sera parfait, et, avec les ondes, on a mis en évidence la réflexion, la réfraction, la réflexion totale, la double réfraction, la polarisation rotatoire, la dispersion, les interférences ordinaires produites par des rayons marchant dans le même sens et se coupant sous un angle très aigu ou les interférences analogues à celles qu'a observées Wiener avec des rayons de sens contraire.

Une conséquence très importante de la théorie électromagnétique, prévue par Maxwell, est que les ondes lumineuses qui tombent sur une surface doivent exercer sur cette surface une pression égale à l'énergie radiante qui existe dans l'unité de volume de l'espace environnant. M. Lebedew a, il y a quelques années, fait tomber un faisceau issu d'une lampe à arc sur un radiomètre à déflection et il parvenait ainsi à déceler l'existence de cette pression. Sa valeur est suffisante pour que, dans le cas de matières peu denses et très divisées, elle puisse, cette pression, réduire et même changer en répulsion l'action attractive exercée par le soleil sur les corps, c'est là un fait deviné autrefois par Faye et qui doit certainement jouer un grand rôle dans la déformation des têtes de comètes.

Plus récemment, MM. Nichols et Huls ont entrepris des expériences sur ce sujet, ils mesurent non seulement la pression, mais encore l'énergie de la radiation à l'aide d'un bolomètre spécial, ils arrivent ainsi à des vérifications numériques qui sont entièrement conformes aux calculs de Maxwell.

D'ailleurs, l'existence de ces pressions peut être prévue, même en dehors de la théorie électromagnétique, si l'on joint à la théorie des ondulations, les principes de la thermodynamique; Bartoli et, plus récemment, M. Larmor ont fait voir, en effet, que si ces pressions n'existaient pas, il serait possible, sans qu'aucun autre phénomène se produisît, de faire passer de la chaleur d'un corps froid sur un corps chaud et de transgresser ainsi le principe de Carnot.

§ 5. — LES RAYONS X

Il paraît aujourd'hui tout à fait vraisemblable que l'on doit ranger les rayons X parmi les phénomènes qui ont leur siège dans l'éther lumineux.

Sans doute il n'est pas nécessaire de rappeler ici comment, en décembre 1895, Röntgen ayant enveloppé dans du papier noir un tube de Crookes en activité, reconnut qu'un écran fluorescent au platino-cyanure de baryum, placé dans le voisinage devenait visible dans l'obscurité et qu'une plaque photographique était impressionnée. Les rayons qui sortent de l'ampoule, dans des conditions aujourd'hui bien connues, ne sont pas déviés par l'aimant; ils ne transportent aucune charge électrique comme l'ont péremptoirement démontré P. Curie et M. Sagnac; ils ne subissent ni réflexion, ni réfraction; des mesures très précises et fort ingénieuses de M. Gouy ont montré que, pour eux, l'indice de réfraction des corps les plus divers ne peut s'écarter de l'unité de plus d'un millionième.

On sait, depuis le début, qu'il existe divers rayons X, différents entre eux, comme diffèrent par exemple entre elles les couleurs du spectre et se distinguant en particulier les uns des autres par leur aptitude inégale à traverser les corps. M. Sagnac, en particulier, a fait voir que l'on peut obtenir toute une gamme graduellement descendante de rayons de plus en plus absorbables, à tel point que l'on en rencontre qui ont la plus grande partie de leur action photographique arrêtée par une simple feuille de papier noir. Ces rayons sont parmi les rayons secondaires découverts, on le sait, par cet ingénieux physicien. Les rayons X, tombant sur la matière, subissent ainsi des transformations comparables à celles que produisent, sur les rayons ultra-violets, les phénomènes de luminescence.

M. Benoist a fondé sur la transparence de la matière pour les rayons une méthode sûre et pratique permettant de les distinguer et il a pu ainsi définir un caractère spécifique analogue à la couleur des rayons lumineux. Les divers rayons ne transportent pas non plus individuellement, selon toute vraisemblance, la même quantité d'énergie. On n'a pas encore, à cet égard, de résultats précis, mais on sait, en bloc, depuis des expériences de MM. Rutherford et Clungh quelle est la quantité d'énergie correspondant à un faisceau ; ces physiciens trouvent que cette quantité serait en moyenne cinq cents fois plus grande que celle apportée par un faisceau analogue de lumière solaire à la surface de la terre. Quelle est la nature de cette énergie? La question ne paraît point résolue.

Il semble bien, d'après MM. Haga et Wind et d'après M. Sommerfeld, que l'on puisse avec les rayons X reproduire de curieuses expériences de diffraction; M. Barkla montre aussi qu'ils peuvent manifester une véritable polarisation; les rayons secondaires émis par une surface métallique frappée par des rayons X varient, en effet, d'intensité quand on change la position du plan d'incidence autour du faisceau primaire. Divers physiciens ont tenté de mesurer la vitesse de propagation; par une méthode extrêmement ingénieuse, M. E. Marx est récemment parvenu à comparer directement cette vitesse à celle de la propagation des oscillations électriques. Il trouve qu'il y a égalité parfaite entre les deux, et, de là, on doit conclure que les rayons X cheminent aussi avec la même rapidité qu'une onde lumineuse.

On laissera de côté ici la description d'une foule d'autres expériences; de très intéressantes recherches de M. Brunhes, de M. Broca, de M. Colardeau, de M. Villard, en France, beaucoup d'autres à l'étranger, ont permis d'élucider plusieurs problèmes intéressants relativement à la durée d'émission ou à la meilleure disposition qu'il convient d'adopter pour la production des rayons. Le seul point qui retiendra notre attention est l'importante question de la nature même des rayons X; les propriétés qui viennent d'être rappelées sont celles qui paraissent essentielles et dont toute théorie devra tenir compte.

L'hypothèse la plus naturelle serait de considérer les rayons comme des radiations ultra-violettes de très courte longueur d'onde, des radiations qui seraient, en quelque sorte, ultra-ultra-violettes.

Cette interprétation peut encore, à l'heure actuelle, se soutenir et même des recherches de MM. Buisson, Righi, Lenard, Merrit Stewart établissent que les rayons de très courte longueur d'onde produisent sur les conducteurs métalliques au point de vue des phénomènes électriques, des effets tout à fait analogues à ceux des rayons X; une autre ressemblance résulte aussi des expériences par lesquelles M. Perreau établit que ces rayons agissent sur la résistance électrique du selénium. Ainsi de nouveaux et précieux arguments sont venus donner plus de force à l'opinion de ceux qui penchaient vers une théorie qui a le mérite de faire rentrer un phénomène nouveau dans les phénomènes antérieurement connus.

Néanmoins, les radiations les plus courtes, comme celles de M. Schumann, sont encore capables de se réfracter à travers le quartz et cette différence constitue, aux yeux de beaucoup de physiciens, une raison assez grave pour les décider à rejeter l'hypothèse la plus simple.

D'ailleurs, les rayons de Schumann, sont, nous l'avons vu, extraordinairement absorbables, à tel point qu'on les doit observer dans le vide; la propriété la plus frappante des rayons X est, au contraire, la facilité avec laquelle ils traversent les obstacles, et l'on ne peut s'empêcher d'attacher à une telle différence une importance considérable.

D'aucuns attribuent le merveilleux rayonnement à des vibrations longitudinales qui, comme l'a montré M. Duhem, se propageraient dans les milieux diélectriques avec une vitesse égale à celle de la lumière.

Mais l'idée la plus généralement admise est celle qu'a énoncée dès le principe Sir George G. Stokes et qui fut reprise par M. Wiechert; d'après cette théorie, les rayons X seraient dus à une succession de pulsations indépendantes de l'éther, partant des points où les molécules projetées par la cathode de l'ampoule de Crookes rencontrent l'anticathode ; ces pulsations ne sont pas des vibrations continues comme les radiations spectrales ; elles sont isolées, extrêmement brèves ; elles sont, d'ailleurs, transversales comme les ondulations lumineuses, et la théorie montre qu'elles doivent se propager avec la même vitesse que la lumière ; elles ne doivent présenter ni réfraction, ni réflexion, mais, dans certaines conditions, elles peuvent subir des phénomènes de diffraction. Tous ces caractères se trouvent précisément dans les rayons de Röntgen.

M. J.-J. Thomson adopte une idée analogue et précise la façon dont les pulsations se pourraient produire, au moment où, brusquement, les particules électrisées qui forment les rayons cathodiques, viennent à frapper la paroi anticathodique. L'induction électro-magnétique fait que le champ magnétique ne s'annihile point lorsque la particule s'arrête et le nouveau champ produit, qui n'est plus en équilibre, se propage dans le diélectrique comme une pulsation électrique. Les pulsations électriques et magnétiques excitées par ce mécanisme peuvent donner naissance à des effets semblables à ceux de la lumière; toutefois, leur faible épaisseur est cause qu'il n'y aura ni réfraction, ni phénomènes de diffraction, sauf dans des conditions très spéciales, Si la particule cathodique n'est pas arrêtée en un temps nul, la pulsation devra prendre une plus grande amplitude et sera, par suite, plus facilement absorbable ; c'est de là que proviennent les différences qui peuvent exister entre diverses ampoules et divers rayons.

Il convient d'ajouter que quelques auteurs n'ont pas, malgré l'impossibilité constatée de les dévier dans un champ magnétique, renoncé à les rapprocher des rayons cathodiques ; ces auteurs supposent, par exemple, que les rayons sont formés par des électrons animés de vitesse si rapide que leur inertie, conformément aux théories dont il sera parlé plus loin, ne leur permettrait plus d'être dérangés dans leur route ; c'est, par exemple, la théorie que soutient M. Sutherland. On sait aussi que, pour M. Gustave Le Bon, ils représentent l'extrême limite des choses matérielles, une des dernières étapes de l'évanouissement de la matière avant son retour à l'éther.

Tout le monde a entendu parler des rayons N, dont le nom rappelle la ville de Nancy où ils furent découverts et qui, par quelques-unes de leurs singulières propriétés, se rapprochent des rayons X, tandis qu'ils s'en éloignent profondément par d'autres côtés.

L'un des Maîtres de la physique contemporaine, profondément respecté par tous ceux qui le connaissent, admiré de chacun pour la pénétration de son esprit, auteur de travaux remarquables par l'originalité et la sûreté de la méthode, M. Blondlot, les a découverts dans les radiations émises par diverses sources, le soleil, un bec Auer, la lampe Nenrst, ou même un corps préalablement insolé.

La propriété essentielle qui permet de les déceler est leur action sur une petite étincelle d'induction : ils en accroissent l'éclat ; le phénomène est sensible pour l'œil, il est rendu objectif pour la photographie.

Divers autres physiciens, et de nombreux physiologistes, s'engageant dans la voie ouverte par M. Blondlot, publièrent durant les années 1903 et 1904, de multiples mémoires, souvent un peu hâtifs, où ils relataient le résultat de recherches qui ne paraissaient pas toujours conduites avec toute la rigueur désirable.

Ces résultats étaient des plus étranges ; ils paraissaient destinés à révolutionner non seulement toute une partie du domaine de la physique mais encore des régions entières des sciences biologiques ; malheureusement, la méthode d'observation était toujours fondée sur les variations de visibilité de l'étincelle ou d'une substance phosphorescente et il fut bientôt manifeste que ces variations n'étaient pas perceptibles pour tous les yeux.

A l'étranger, aucun expérimentateur ne parvint à répéter les expériences ; en France, beaucoup de physiciens échouèrent ; dès lors, la question passionna l'opinion publique. Se trouvait-on en présence d'un cas très singulier de suggestion, ou bien fallait-il un entraînement spécial, des dispositions particulières pour apercevoir le phénomène ? On ne saurait, à l'heure présente, déclarer que le problème est résolu ; des expériences de M. Gutton, une remarque de M. Mascart, étaient bien venues raffermir la confiance de ceux qui espéraient qu'un savant tel que M. Blondlot n'avait pu se laisser illusionner par des apparences ; mais ces dernières preuves en faveur de l'existence des rayons ont été contestées par des physiciens très exercés comme MM. Perrin, Raveau, Cotton, Turpain, etc.

Il est désormais certain que les conclusions les plus bizarres auxquelles étaient arrivés quelques auteurs tomberont dans un juste oubli, mais des expériences négatives ne prouvent rien en pareille matière, et le fait, que la plupart des expérimentateurs échouent là où M. Blondlot et ses élèves réussissent, peut constituer une très forte présomption mais ne saurait être considéré comme un argument entièrement démonstratif.

On doit donc attendre encore ; il est encore possible que l'illustre physicien de Nancy parvienne à trouver des actions objectives incontestables des rayons N et réussisse ainsi à établir sur une base solide, une découverte digne de celles qui ont si justement rendu son nom célèbre.

D'après M. Blondlot, les rayons N, se polariseraient, se réfracteraient, se disperseraient ; ils auraient des longueurs d'onde comprises entre 0μ003 et 0μ076', c'est-à-dire entre un huitième et un cinquième de celle que l'on a trouvée pour les derniers rayons ultra-violets. Ils seraient donc, peut-être, tout simplement des rayons de très courte période ; leur existence, dépouillée des propriétés parasites et quelque peu singulières qu'on a voulu leur attribuer, apparaîtrait ainsi comme assez naturelle ; elle serait, d'ailleurs, extrêmement importante encore et conduirait sans doute à des applications des plus curieuses ; on conçoit, en effet, que de tels rayons puissent servir à déceler ce qui se passe dans les portions de matière dont les dimensions trop petites échappent à l'examen microscopique à cause des phénomènes de diffraction.

De quelque point de vue qu'on l'envisage, et quel que doive être le sort de la découverte, l'histoire des rayons N est particulièrement instructive et doit donner à réfléchir à ceux qui s'intéressent aux questions de méthode dans la science.

§ 6. — L'ÉTHER ET LA GRAVITATION

Le succès éclatant de l'hypothèse de l'éther en optique a, de nos jours, affermi l'espérance d'expliquer, par une représentation analogue l'action gravifique.

Depuis longtemps les philosophes qui rejetaient l'idée que la pesanteur est une qualité première et essentielle des corps, ont cherché à réduire le poids des corps à des pressions s'exerçant dans un fluide très subtil; ce fut la conception de Descartes et ce fut peut-être aussi la pensée véritable de Newton lui-même.

Newton indique, en maints endroits, que les lois qu'il avait découvertes sont indépendantes des hypothèses que l'on peut faire sur la manière dont se produit l'attraction universelle, mais qu'avec des expériences suffisantes on remontera peut-être un jour à la cause même de cette attraction.

Dans la préface de la deuxième édition de l'optique, il écrit : « Pour prouver que je n'ai pas considéré la pesanteur comme une propriété universelle des corps, j'ai ajouté une question sur sa cause, préférant cette forme de question, parce que mon interprétation ne me satisfaisait pas entièrement faute d'expérience », et il posait la question sous cette forme : « Ce milieu (l'éther), n'est-il pas plus raréfié à l'intérieur des corps denses, le soleil, les planètes et les comètes, que dans les espaces vides qui les séparent? En passant de ces corps à de grandes distances, ne devient-il pas continuellement de plus en plus dense, et par là ne produit-il pas la pesanteur de ces grands corps à l'égard les uns des autres et celles de leurs parties à l'égard de ces corps, chaque corps tendant à aller des parties les plus denses aux plus raréfiées? »

Évidemment, cette vue est incomplète, mais on peut chercher à la préciser ; si l'on admet que ce milieu, dont les propriétés expliqueraient l'attraction, est la même que l'éther lumineux, on peut se demander d'abord si l'action gravifique serait due, elle aussi, à des oscillations ; quelques auteurs ont cherché à fonder une théorie sur cette hypothèse, mais on se heurte immédiatement à de très sérieuses difficultés.

La gravité apparaît, en effet, comme présentant des caractères tout à fait exceptionnels, aucun agent, même ceux qui dépendent de l'éther, comme la lumière et l'électricité, n'a d'influence sur son action ni sur sa direction. Tous les corps sont, pour ainsi dire, absolument transparents à l'attraction universelle ; aucune expérience n'a réussi à démontrer que sa propagation n'est pas instantanée, de diverses remarques astronomiques, Laplace concluait que sa vitesse doit, en tous cas, dépasser cinquante millions de fois celle de la lumière. Elle ne subit ni réflexion, ni réfraction, elle est indépendante de la structure des corps, et non seulement elle est inépuisable, mais encore (comme le fait remarquer, d'après M. Hannequin, un savant anglais, James Croll), la distribution des effets de la force attractive d'une masse sur les particules multiples qui peuvent entrer successivement dans le champ de son action ne diminue à aucun degré l'attraction respective qu'elle exerce sur chacune d'elles, ce qui ne se voit nulle part ailleurs, dans la nature.

Néanmoins, on peut, moyennant quelques hypothèses, construire des interprétations où les mouvements appropriés d'un milieu élastique expliqueraient assez bien les faits, mais ces mouvements sont fort complexes, et il paraît à peu près inconcevable qu'un même milieu puisse avoir simultanément l'état de mouvement correspondant à la transmission d'un phénomène lumineux, et celui que lui imposerait constamment la transmission de la gravitation.

Une autre hypothèse, qui fut célèbre, avait été imaginée par Lesage, de Genève ; Lesage supposait l'espace traversé en tout sens par des courants de corpuscules *ultra-mondains ;* cette hypothèse, combattue par Maxwell, était intéressante ; on pourrait peut-être la reprendre aujourd'hui, et il ne serait pas impossible que l'assimilation de ces corpuscules aux électrons fournît une image satisfaisante.

M. Crémieux a récemment entrepris des expériences destinées, dans sa pensée, à mettre en évidence, que les divergences entre les phénomènes de la gravitation et tous les autres phénomènes de la nature seraient plus apparentes que réelles. Ainsi, l'évolution au sein de l'éther d'une quantité d'énergie gravifique ne serait pas absolument isolée et, comme pour toutes les évolutions d'une énergie de forme quelconque, provoquerait-elle aussi une transformation partielle en énergie de forme différente, ainsi encore l'énergie gravifique libre varierait quand on passe d'un milieu matériel à un autre, des gaz aux liquides, d'un liquide à un liquide différent.

Sur ce dernier point, les recherches de M. Crémieux ont donné des résultats positifs : si l'on immerge, dans une grande masse d'un premier liquide, plusieurs gouttes d'un second liquide non miscible avec le premier, mais de densité identique, on constitue un ensemble, présentant sans doute une discontinuité pour l'éther, et, l'on peut se demander, si, conformément à ce qui se passe dans tous les autres phénomènes de la nature, cette discontinuité n'a pas une tendance à disparaître.

Si l'on s'en tient aux conséquences ordinaires de la théorie du potentiel Newtonien, les gouttes devraient rester immobiles, la poussée hydrostatique équilibrant exactement leur attraction mutuelle : or, M. Crémieux observe qu'en fait elles se rapprochent lentement.

De telles expériences sont bien délicates, malgré toutes les précautions prises par l'auteur, on ne saurait affirmer encore qu'il a écarté toute influence des phénomènes de la capillarité et qu'il s'est mis à l'abri des erreurs pouvant provenir de la moindre différence de température, mais la tentative est des plus intéressantes, elle mérite d'être poursuivie.

Ainsi, l'hypothèse de l'éther n'explique pas encore tous les phénomènes que les considérations relatives à la matière seules sont impuissantes à interpréter; si l'on voulait se représenter, par les propriétés mécaniques d'un milieu répandu dans tout l'univers, les phénomènes lumineux, les phénomènes électriques et les phénomènes gravifiques, on serait conduit à attribuer à ce milieu des propriétés fort étranges, et presque contradictoires, et, cependant, il serait encore plus inconcevable que ce milieu fut double ou triple, qu'il y eut deux ou trois éthers occupant chacun l'espace comme si chacun était seul, et se pénétrant, sans exercer d'action les uns sur les autres. L'on est ainsi, par l'examen attentif des faits, amené plutôt à cette pensée que les propriétés de l'éther ne sont pas entièrement réductibles à la mécanique ordinaire.

Le physicien ne se trouve donc pas encore en mesure de répondre à la question que lui pose souvent le philosophe : « L'éther a-t-il vraiment une existence objective ? » Aussi bien, la solution n'est pas nécessaire à connaître pour utiliser l'éther; dans ses propriétés idéales, on trouve le moyen de déterminer la forme d'équations qui réussissent et, pour un savant détaché de toute préoccupation métaphysique, c'est là l'essentiel.

CHAPITRE VII

Un chapitre de l'histoire des sciences. La Télégraphie sans fil.

§ 1.

Je me suis efforcé d'exposer, dans ce livre, avec impartialité, les idées qui règnent actuellement dans le domaine de la physique et de faire connaître les faits essentiels. Il m'a fallu citer les auteurs des principales découvertes pour pouvoir classer et, en quelque sorte, nommer ces découvertes, mais je n'ai eu, en aucune façon, la prétention d'écrire une histoire, même résumée, de la physique actuelle.

Je n'ignore pas, en effet que, comme on l'a dit souvent, de toutes les histoires, l'histoire contemporaine est peut-être la plus difficile à écrire: Un certain recul semble nécessaire pour que l'on puisse apprécier avec exactitude l'importance relative des choses, les détails cachent l'ensemble aux yeux de celui qui regarde de trop près et les arbres l'empêchent de voir la forêt. Tel événement, qui produit une vive sensation, n'a souvent dans l'avenir que d'insignifiantes conséquences, tandis qu'un autre, qui semblait au début de bien minime importance et peu digne d'être noté, a, par la suite, une répercussion profonde.

S'il s'agit cependant de l'histoire d'une découverte positive, les contemporains qui disposent d'informations immédiates, qui sont en mesure de recueillir de première main des documents authentiques feront, en apportant leur témoignage sincère, une œuvre d'érudition qui pourra être fort utile, mais que l'on serait probablement tenté de croire d'une exécution bien facile.

Il s'en faut cependant de beaucoup que semblable besogne, même limitée à l'étude d'une question très particulière, par exemple à celle d'une invention récente, puisse s'accomplir sans que l'historien rencontre de très sérieux obstacles.

Une invention n'est en réalité jamais attribuable à un seul auteur, elle est le résultat du travail de nombreux collaborateurs qui, parfois, s'ignorent les uns les autres, le fruit produit par des labeurs souvent obscurs. L'opinion publique, volontiers simpliste, en face d'une découverte sensationnelle, exige cependant que l'historien fasse office de juge; c'est la tâche de cet historien de démêler la vérité au milieu des compétitions et de dire à qui peut aller, sans s'égarer, la reconnaissance de l'humanité. Il doit, en expert habile, dépister les contrefaçons, s'apercevoir des plagiats les plus dissimulés, discuter de délicates questions de priorité; il doit ne pas se laisser faire illusion par ceux qui ne craignent pas d'annoncer, d'une façon téméraire, qu'ils ont résolu les problèmes dont ils pressentent que la solution est imminente et qui, le lendemain du jour où d'autres les ont définitivement élucidés, se proclament les véritables inventeurs; il doit s'élever au-dessus d'une partialité qui se croit excusable parce qu'elle provient de l'orgueil national; il doit enfin rechercher avec patience les antécédents, et, remontant ainsi de proche en proche, il risque de se perdre dans la nuit des temps.

Un exemple d'hier peut nous servir pour montrer les difficultés de cette tâche. Parmi les découvertes récentes, l'invention de la télégraphie sans fil est l'une de celles qui sont devenues rapidement populaires, elle paraît d'ailleurs constituer un sujet précis, nettement délimité.

Déjà, plusieurs tentatives ont été faites pour en écrire l'histoire. M. J.-J. Fahie publiait dès 1899, en Angleterre, un livre intéressant : *History of wireless Telegraphy*; vers la même époque, M. Broca faisait paraître en France un ouvrage très documenté intitulé : « *La télégraphie sans fil* »; dans les rapports présentés au Congrès international de physique réuni à Paris en 1900, un illustre savant italien dont les travaux personnels ont grandement contribué à l'invention du système actuel de télégraphie, M. Righi, a consacré un chapitre court, mais assez complet de son magistral rapport sur les ondes hertziennes à l'histoire de la télégraphie sans fil; le même auteur, en collaboration avec M. Bernhard Dessau, a également écrit un livre plus étendu : *Die Telegraphie ohne Dracht*. On peut aussi consulter avec profit : *La télégraphie sans fil et les ondes électriques*, de MM. J. Boulanger et G. Ferrié, et aussi : *La télégraphie sans fil*, de Doménéco Mazotto. Tout dernièrement enfin, M. A. Story vient de nous donner dans un petit volume : *Story of wireless Telegraphy*, un résumé condensé, mais très précis, de toutes les tentatives qui ont été faites pour établir des communications télégraphiques sans l'intermédiaire d'un fil conducteur. M. Story a compulsé beaucoup de documents, fait parfois de curieuses exhumations et étudié jusqu'aux dispositifs les plus récemment adoptés[1].

Il peut être intéressant, en utilisant les renseignements que nous fournissent ces auteurs, en les complétant au besoin par quelques autres, de remonter aux sources d'une découverte moderne, de la suivre dans son développement et de constater ainsi, une fois de plus, combien la matière la plus simple en apparence exigerait de la part d'un historien qui voudrait faire œuvre définitive des recherches étendues et complexes.

§ 2.

La première difficulté, qui n'est sans doute pas l'une des moins graves, est de bien définir le sujet. Les mots : « Télégraphie sans fil », qui semblent tout d'abord répondre à une idée unique et parfaitement claire, se peuvent en réalité appliquer à deux séries de questions, très différentes aux yeux d'un physicien, qu'il importe de nettement distinguer.

Une transmission de signaux exige trois organes qui apparaissent tous trois d'une nécessité absolue le producteur, le récepteur et, entre les deux, un

1. Voir aussi : un excellent livre de M. Turpain, *la Télégraphie sans fil et les applications pratiques des ondes électriques.*

intermédiaire établissant la communication. Cet intermédiaire est d'ordinaire la partie la plus coûteuse de l'installation, la plus difficile à établir, celle d'ailleurs où se produisent des pertes sensibles d'énergie au dépens du bon rendement. Et, cependant, nos idées actuelles nous le font considérer, cet intermédiaire, comme impossible à supprimer, plus encore qu'autrefois, car si nous sommes définitivement débarrassés de la conception des actions à distance, il nous devient inconcevable que de l'énergie puisse être communiquée d'un point à un autre sans être transportée par quelque milieu interposé.

Mais pratiquement la ligne sera supprimée si, au lieu de la construire artificiellement, on utilise pour la remplacer l'un des milieux naturels qui séparent deux points situés sur la terre.

Or, ces milieux naturels se rangent en deux catégories fort distinctes et de ce classement résultent les deux séries de questions à examiner.

Entre les deux points se trouvent d'abord les milieux matériels, l'air, puis la terre ou bien l'eau; depuis fort longtemps on s'est servi, pour des transmissions à distance, des propriétés élastiques de l'air et, plus récemment, de la conductibilité électrique du sol et de l'eau, particulièrement de l'eau de mer.

La physique moderne nous amène, d'autre part, nous l'avons vu, à considérer qu'il existe, répandu dans tout l'univers, un autre milieu plus subtil, pénétrant partout, doué d'élasticité dans le vide et conservant son élasticité lorsqu'il pénètre dans un grand nombre de corps, dans l'air par exemple; ce milieu c'est l'éther lumineux qui possède, on n'en saurait douter, la propriété de pouvoir transmettre de l'énergie, car c'est lui qui nous apporte l'immense majorité de l'énergie dont nous disposons sur la terre et que nous retrouvons dans les mouvements de l'atmosphère, dans les chutes d'eau, dans les mines de charbon provenant de la décomposition des composés de carbone sous l'influence de l'énergie solaire. Depuis longtemps aussi, bien avant que l'on ait mis en évidence l'existence de cet éther, on a su lui demander le service de transmettre des signaux.

Ainsi à travers les âges se déroule une double évolution que devra suivre l'historien dont l'ambition sera d'être complet.

§ 3.

S'il examinait d'abord le premier ordre de questions, il pourrait, sans doute, ne parler que brièvement des essais antérieurs à la télégraphie électrique, mais sans chercher le paradoxe, il devrait cependant faire allusion à l'invention du porte-voix ou à d'autres inventions semblables qui, depuis longtemps, permirent aux hommes, par un emploi ingénieux des propriétés élastiques des milieux naturels, de communiquer à des distances supérieures à celles qu'ils auraient atteintes sans le secours de l'art.

Après cette période, en quelque sorte préhistorique, rapidement parcourue, il lui faudrait suivre de très près le développement de la télégraphie électrique : presque dès le début, peu de temps après qu'Ampère avait émis l'idée de construire un télégraphe, le lendemain du jour où Gauss et

Weber établissaient entre leurs maisons de Goëttingue la première ligne véritablement utilisée, on songeait à se servir des propriétés conductrices de la terre et de l'eau.

L'histoire de ces essais est très longue, elle est étroitement mêlée à l'histoire même de la télégraphie ordinaire; de longs chapitres lui ont été depuis longtemps consacrés dans les traités de télégraphie.

C'est en 1838 que le professeur C.-A. Steinheil, de Munich, exprima, sans doute pour la première fois, l'idée nette de supprimer le fil de retour et de le remplacer par une communication du fil de ligne avec la terre; il parcourut ainsi du premier coup la moitié du chemin, la plus facile il est vrai, qui devait amener au but définitif, puisqu'il économisait la moitié du fil de ligne.

Steinheil, conseillé peut-être par Gauss, eut d'ailleurs une conception très exacte du rôle de la terre, considérée comme corps conducteur ; il semble bien avoir compris que, dans certaines conditions, la résistance d'un tel conducteur, supposé indéfini, peut être indépendante de la distance des électrodes qui amènent le courant et leur permettent de sortir ; il songea aussi à utiliser les rails de chemins de fer pour transmettre les signaux télégraphiques.

Plusieurs savants qui s'occupèrent, dès le principe, de la télégraphie eurent des idées analogues. C'est ainsi que S.-F.-B. Morse, surintendant des télégraphes du gouvernement des Etats-Unis, dont le nom donné à l'appareil si simple qu'il inventa est universellement connu, faisant à New-York, dans l'automne de l'année 1842, devant une commission spécialement convoquée et en présence d'un public très nombreux, des expériences destinées à démontrer avec quelle sûreté et quelle facilité fonctionnait son appareil, pensa, au cours même des expériences, d'une façon fort heureuse, à remplacer, sur une longueur de près d'un mille, par l'eau d'un canal, un fil qui venait d'être subitement et accidentellement détruit. Cet accident, qui avait un instant compromis le légitime succès qu'attendait le célèbre ingénieur, lui suggéra ainsi une idée féconde qu'il n'oublia pas ; il répéta par la suite des essais d'utilisation de l'eau et du sol et il obtint des résultats très remarquables.

On ne saurait citer toutes les recherches entreprises dans la même voie et auxquelles sont plus particulièrement attachés les noms de S. W. Wilkins, de Wheastone, de H. Highton en Angleterre, ceux de Bonelli en Italie, Gintl en Autriche, Bouchot et Donat en France. Il en est cependant auxquelles on ne peut songer sans émotion.

Le 17 décembre 1870, un physicien, qui a laissé dans l'Université un souvenir durable, M. d'Almeida, alors professeur au Lycée Henri IV, plus tard inspecteur général de l'instruction publique, quittait en ballon Paris assiégé ; descendu au milieu des lignes allemandes, il parvenait, à la suite d'un voyage périlleux, à gagner le Havre en passant par Bordeaux et par Lyon ; après s'être procuré les appareils nécessaires en Angleterre, il descendait la Seine jusqu'à Poissy, où il parvenait le 14 janvier 1871. Depuis son départ, deux autres savants MM. Desains et Bourbouze, se relayant jour et nuit, attendaient à Paris, dans un bachot sur la Seine, prêts à recueillir un signal qu'ils guettaient avec une anxiété patriotique. Il s'agissait d'employer un procédé imaginé par Bourbouze, dans lequel l'eau du fleuve jouait le rôle de fil de ligne. Le 23 janvier, la communication paraissait enfin établie, malheureusement l'armistice, puis la reddition de Paris venaient rendre inutile le précieux résultat de ce noble effort.

On doit aussi une mention spéciale aux expériences exécutées par l'Office télégraphique des Indes anglaises, sous la direction de M. Johnson, puis de M. W. F. Melhuish ; elles conduisirent en effet, en 1889, à des résultats si satisfaisants qu'un service de télégraphie, où le fil de ligne était remplacé par la terre, put fonctionner réellement et régulièrement.

D'autres tentatives furent aussi faites pendant toute la seconde moitié du XIXe siècle pour transmettre des signaux à travers la mer ; elles précédèrent le moment où, grâce aux travaux de nombreux physiciens, parmi lesquels lord Kelvin occupe sans conteste une place prépondérante, l'on parvint à immerger le premier câble, mais elles ne furent pas abandonnées, même après cette date, car elles donnaient l'espoir d'une solution singulièrement plus économique. Parmi les plus intéressantes, on a conservé le souvenir de celles que S. W. Wilkins poursuivit assez longtemps, à partir de 1845, entre la France et l'Angleterre. Avec Cooke et Wheastone, il imagina d'employer comme récepteur un appareil qui ressemble par certains côtés au récepteur actuel des télégraphes sous-marins ; plus tard, George E. Dering, puis James Bowman et Lindsay firent dans la même voie des essais qui sont dignes d'être retenus.

Mais ce n'est que de nos jours que Sir William H. Preece obtint enfin, le premier, des résultats vraiment pratiques. Sir William a effectué lui-même et fait exécuter par ses collaborateurs (il est ingénieur en chef de l'Office postal et télégraphique anglais) des recherches conduites avec beaucoup de méthode et appuyées sur des considérations théoriques précises. Il est ainsi parvenu à établir des communications très faciles, très nettes et très régulières, entre divers endroits, par exemple à travers le canal de Bristol.

La longue série de travaux accomplis par tant de chercheurs, dans le but de substituer un milieu matériel et naturel aux lignes métalliques artificielles aboutissait ainsi à un succès incontestable qu'allait bientôt éclipser les retentissantes expériences dirigées dans une voie différente par Marconi.

Il convient d'ajouter que Sir William Preece avait lui-même utilisé dans ses expériences les phénomènes d'induction et commencé des recherches à l'aide des ondes électriques ; on doit lui savoir gré de la façon dont il accueillit Marconi ; c'est certainement grâce aux conseils et à l'appui matériel qu'il trouva chez Sir William que le jeune savant parvint à effectuer ses sensationnelles expériences.

§ 4.

Le point de départ initial des expériences de transmission de signaux, fondées sur les propriétés de l'éther lumineux, est fort éloigné et il serait aussi très laborieux de rechercher tous les travaux accomplis dans cette direction, même si l'on n'envisageait que ceux où entrent en jeu des actions électriques.

Une action électrique, influence électrostatique ou phénomène électromagnétique, se transmet à distance à travers l'air par l'intermédiaire de l'éther lumineux ; mais l'influence électrique ne peut guère être utilisée, les distances qu'elle permettrait de franchir sont beaucoup trop faibles et les actions électrostatiques sont souvent bien capricieuses; les phénomènes d'induction, très réguliers, insensibles aux variations de l'état atmosphérique parurent, au contraire depuis longtemps, pouvoir servir dans les dispositifs télégraphiques.

On trouverait déjà, dans un certain nombre des essais dont il vient d'être parlé, un emploi partiel de ces phénomènes. Lindsay, par exemple, dans son projet de communication à travers la mer, leur attribuait un rôle considérable. Ils permirent même, ces phénomènes, une véritable télégraphie sans fil intermédiaire entre les organes d'émission et de réception, à des distances très restreintes, il est vrai, mais dans des conditions particulièrement intéressantes. C'est, en effet, grâce à eux que C. Brown, puis Edison et Gilliland parvinrent à établir des communications avec des trains en marche.

M. Willoughby S. Smith, M. Charles A. Stevenson entreprirent aussi, dans ces vingt dernières années, des expériences où ils utilisaient l'induction ; mais les essais les plus remarquables sont peut-être ceux du professeur Emile Rathenau.

Avec l'aide de M. Rubens et de M. W. Rathenau, ce physicien poursuivit, à la demande du ministère de la Marine de l'empire d'Allemagne, une série de recherches qui l'avaient amené, grâce à un système mixte de conduction et d'induction par des courants alternatifs, à obtenir des communications nettes et régulières à une distance de 4 kilomètres.

Parmi les précurseurs, il conviendrait aussi de faire mention de Graham Bell ; l'inventeur du téléphone songea à employer son admirable appareil comme récepteur de phénomènes d'induction transmis à distance ; Edison, M. Sacher, de Vienne, M. Henry Dufour, de Lausanne, le professeur Trowbridge, de Boston, firent aussi de curieuses tentatives dans la même direction.

Dans toutes ces expériences se trouve déjà l'idée d'employer un courant oscillatoire. On savait d'ailleurs depuis longtemps (puisque dès 1842, le grand physicien américain Henry constatait que les décharges d'une bouteille de Leyde, placée dans le grenier de sa maison, donnaient naissance à des étincelles dans un circuit métallique observé au rez-de-chaussée) qu'un flux variant rapidement et périodiquement a un effet beaucoup plus efficace qu'un flux unique, lequel ne peut produire à distance qu'un phénomène peu intense. Cette idée du courant oscillatoire est bien voisine de celle qui allait enfin conduire à une solution entièrement satisfaisante, solution qui, on le sait, est fondée sur les propriétés des ondes électriques.

§ 5.

Arrivé ainsi au seuil de l'édifice définitif, l'historien, qui aurait fait parcourir à ses lecteurs les deux routes parallèles que l'on vient de jalonner, serait amené à se demander s'il s'est montré un guide suffisamment fidèle et s'il n'a pas négligé d'attirer l'attention sur des points essentiels de la région traversée.

Ne doit-on pas, à côté, au-dessus peut-être, des auteurs qui ont imaginé les dispositifs pratiques, placer les savants qui ont construit les théories, réalisé les expériences de laboratoire dont ces dispositifs ne sont, après tout, que d'assez immédiates applications. Si l'on parle de la propagation du courant dans un milieu matériel, peut-on oublier les noms de Fourier et de Ohim, qui établirent par des considérations théoriques les lois qui président à cette propagation?

Si l'on envisage les phénomènes d'induction, ne serait-il pas juste de rappeler qu'Arago les pressentit, que Michel Faraday les découvrit?

Ce serait une tâche délicate, un peu puérile aussi, de classer par ordre de mérite les hommes de génie; le mérite d'un inventeur comme Edison et celui d'un théoricien comme Clerk Maxwell n'ont pas de commune mesure, aux uns comme aux autres l'humanité est redevable d'un grand progrès.

Avant de dire comment on parvint à utiliser les ondes électriques pour la transmission des signaux, on ne saurait, sans ingratitude, passer sous silence les spéculations théoriques et les travaux de science pure qui conduisirent à la connaissance de ces ondes. Il conviendrait donc, sans remonter au delà de Faraday, de dire comment cet illustre physicien attira l'attention sur le rôle des milieux isolants dans les phénomènes électriques et d'insister ensuite sur les admirables mémoires dans lesquels Clerk Maxwell jetait pour la première fois un pont solide entre deux grands chapitres de la physique jusque-là indépendants l'un de l'autre, l'optique et l'électricité. Et sans doute on penserait qu'il serait impossible de ne pas évoquer le souvenir de ceux qui, en établissant d'autre part le solide et le magnifique édifice de l'optique physique, en prouvant par leurs immortels travaux la nature ondulatoire de la lumière, préparaient, eux aussi, par la voie opposée, la jonction future. Dans l'historique des applications des ondulations électriques, les noms des Young, des Fresnel, des Fizeau, des Foucault doivent avoir place; sans ces savants l'assimilation entre les phénomènes électriques et les phénomènes lumineux qu'ils ont découverts et étudiés eût évidemment été impossible.

Puisqu'il y a identité absolue de nature entre les ondes électriques et les ondes lumineuses, on doit, en toute équité, considérer aussi comme de véritables précurseurs ceux qui imaginèrent les premiers télégraphes lumineux. Claude Chappe a fait incontestablement de la télégraphie sans fil, grâce à l'éther lumineux, et les savants qui, comme le colonel Mangin par exemple, ont perfectionné la télégraphie optique, ont indirectement suggéré certains perfectionnements apportés depuis peu à la méthode actuelle.

Mais le physicien dont l'œuvre devra surtout être mise en évidence est, sans contredit, Heinrich Hertz. C'est lui qui démontra d'une façon irréfutable, par des expériences aujourd'hui classiques, qu'une décharge électrique, produit dans l'éther que contiennent les milieux isolants voisins, un ébranlement ondulatoire ; c'est lui qui, théoricien profond, mathématicien habile, expérimentateur d'une adresse prodigieuse, fit comprendre le mécanisme de la production, et élucida complètement celui de la propagation de ces ondes électromagnétiques.

Il dut naturellement songer lui-même que ses découvertes pourraient s'appliquer à la transmission d'un signal ; il paraîtrait cependant qu'interrogé par un ingénieur de Munich, nommé Huber, sur la possibilité d'utiliser les ondes pour des transmissions téléphoniques, il aurait répondu négativement en s'appuyant sur quelques considérations relatives à la différence entre les périodes des sons et celles des vibrations électriques. Cette réponse ne permet pas de préjuger ce qui serait advenu, si une mort cruelle n'avait, en 1894, enlevé, à l'âge de 35 ans, le grand et infortuné physicien.

On pourrait aussi retrouver dans quelques travaux antérieurs aux expériences de Hertz, des essais de transmission où, inconsciemment sans doute, étaient déjà mis en œuvre des phénomènes que l'on rangerait aujourd'hui à côté des oscillations électriques. Il serait loisible sans doute de ne pas parler d'un... dentiste américain, Mahlon Loomis, qui, d'après M. Story, fit en 1870 breveter un projet de communication où il utilisait les

Montagnes Rocheuses d'une part, et le Mont-Blanc de l'autre, comme de gigantesques antennes pour établir une communication entre l'Atlantique, mais on ne saurait passer sous silence les très remarquables recherches du professeur américain Dolbear qui montra à l'exposition électrique de Philadelphie, en 1884, un ensemble d'appareils permettant de transmettre des signaux à distance et dans lesquels il signalait « une application exceptionnelle des principes de l'induction électrostatique »; ces appareils comprenaient des groupements de bobines et de condensateurs, au moyen desquels il obtenait, on ne saurait en douter aujourd'hui, des effets dus à de véritables ondes électriques.

On devrait aussi faire une place à un inventeur bien connu, D. E. Hughes, qui poursuivit, de 1879 à 1886, des expériences très curieuses où certainement aussi les oscillations jouaient un rôle considérable ; c'est, d'ailleurs, ce même physicien qui a inventé le microphone et attiré ainsi, d'autre part, l'attention sur les variations de résistance au contact, phénomène bien voisin de celui qui se produit dans les radioconducteurs de Branly, organes importants du système Marconi. Malheureusement, fatigué et malade, Hughes cessa ses recherches au moment peut-être où elles allaient donner un résultat définitif.

Dans un ordre d'idées différent en apparence, mais intimement lié dans le fond à celui qu'on vient de signaler, il serait indiqué de rappeler la découverte de la radiophonie faite en 1880 par Graham Bell, pressentie dès 1875 par C. A. Brown. Un rayon lumineux tombant sur un conducteur en sélénium[1] produit une variation de résistance électrique, grâce à laquelle on peut transmettre par la lumière un signal sonore. Le délicat appareil, le radiophone, construit sur ce prince, a de profondes analogies avec les appareils actuels.

§ 6.

A partir des expériences de Hertz, l'histoire de la télégraphie sans fil se confond presque avec l'histoire des recherches relatives aux ondulations électriques. Tous les progrès réalisés dans la manière de produire ces ondes et de les recueillir devaient contribuer à faira naître une application naturellement indiquée; les expériences de Hertz, contrôlées dans tous les laboratoires, entrées définitivement dans le solide domaine de nos connaissances les plus certaines, allaient porter des fruits attendus.

Les expérimentateurs, comme O. Lodge en Angleterre, Righi en Italie, Sarrazin et de La Rive en Suisse, Blondlot en France, Lecher en Allemagne, Lebedef en Russie, Bose dans l'Inde; les théoriciens comme M. H. Poincaré ou M. Bjerknes qui imaginèrent des dispositifs ingénieux ou qui élucidèrent certains points restés obscurs furent parmi les artisans de l'œuvre qui suivait sa naturelle évolution.

C'est le professeur R. Threfall qui semble le pre-

1. On sait que cette même propriété du sélénium a été récemment utilisée par M. Korn, dans de sensationnelles expériences, pour résoudre, d'une manière aussi satisfaisante qu'ingénieuse, le problème de la photographie à distance.

mier avoir nettement, en 1890, proposé l'application des ondes hertziennes à la télégraphie, mais c'est certainement Sir W. Crookes qui, dans un article très remarquable de la *Fornightly Review* (feb. 1892) indiqua, avec beaucoup de netteté, la route à suivre; il montrait même dans quelles conditions le récepteur Morse pourrait s'appliquer au nouveau système télégraphique.

Vers le même temps, un physicien américain, bien connu par des expériences célèbres sur les courants de haute fréquence, expériences qui ne sont pas d'ailleurs sans relation avec les expériences sur les oscillations électriques, M. Tesla, démontrait que les oscillations électriques se transmettent à des distances plus considérables lorsqu'on se sert de deux antennes verticales terminées par de larges conducteurs.

Un peu plus tard, le professeur O. Lodge, parvenait, grâce au coherer, à déceler des ondes à des distances relativement grandes, et M. Rutherford obtenait un résultat semblable avec un indicateur magnétique de son invention.

Une importante question de météorologie, l'étude des décharges atmosphériques, amenait, à la même époque, quelques savants, et plus particulièrement un savant russe, M. Popoff, à établir des appareils fort analogues aux appareils récepteurs de la télégraphie sans fil actuelle; ils comprenaient une longue antenne, un tube à limaille, et M. Popoff faisait même remarquer que son appareil pourrait bien servir à la transmission de signaux dès que l'on aurait découvert un générateur d'ondes assez puissant.

Enfin, le 2 juin 1896, un jeune Italien, né à

Bologne le 25 avril 1874, Guglielmo Marconi, faisait breveter un système de télégraphie sans fil qui allait rapidement devenir populaire.

Elevé dans le laboratoire du professeur Righi, l'un des physiciens qui ont le plus fait pour confirmer et étendre les expériences de Hertz, Marconi connaissait depuis longtemps les propriétés des ondes électriques et possédait admirablement leur maniement; il eut ensuite la bonne fortune de rencontrer Sir William (alors Mr.) Preece, qui fut pour lui un conseiller d'une haute autorité.

On a pu dire que le système Marconi ne renfermait rien d'original : l'appareil producteur des ondes était l'oscillateur de Righi, le récepteur était celui qu'employait, depuis deux ou trois ans, M. Lodge ou M. Bose, et qui était fondé sur une découverte faite antérieurement par un savant français, M. Branly; enfin la disposition générale était celle qu'avait établie M. Popoff.

Les personnes qui jugèrent ainsi un peu sommairement l'œuvre de M. Marconi se montrèrent d'une sévérité voisine de l'injustice. On ne saurait, en vérité, nier que le jeune savant ait apporté une part très personnelle à la solution du problème qu'il s'était proposé. Indépendamment de ses devanciers, et lorsque leurs essais étaient presque ignorés, il a eu le mérite, qui est très grand, de combiner avec adresse les dispositifs les plus favorables, il a réussi, le premier, à obtenir des résultats pratiques, et il a montré que les ondes électriques pouvaient se transmettre et être recueillies à des distances énormes par rapport à celles qui avaient été atteintes avant lui.

Faisant allusion à une anecdote relative à Christophe Colomb, et bien connue, Sir W. Preece a dit très justement : « Les devanciers et les rivaux de Marconi connaissaient sans doute les œufs, mais c'est lui qui leur a appris à les faire tenir debout » ; ce jugement sera, sans aucun doute, celui que l'histoire portera en définitive sur le savant italien.

§ 7.

L'appareil qui permet de déceler les ondes électriques, le détecteur ou indicateur, est l'organe le plus délicat de la télégraphie sans fil ; il n'est pas nécessaire d'employer comme indicateur un tube à limaille, un radio-conducteur. On peut, en principe, pour construire un organe récepteur, songer à l'un quelconque des multiples effets produits par les ondes hertziennes. Dans plusieurs systèmes actuels, dans un système nouveau de Marconi lui-même, on a renoncé à utiliser ces tubes et l'on se sert de détecteurs magnétiques.

Néanmoins, les succès, les premiers en date et les plus fréquents aujourd'hui encore, sont dus aux radio-conducteurs, et l'opinion publique ne s'est pas trompée qui a attribué à l'inventeur de cet ingénieux appareil une part considérable, presque prépondérante, dans l'invention de la télégraphie par ondes.

L'histoire de la découverte des radio-conducteurs est courte, mais elle mérite, par son importance, un chapitre à part dans l'histoire de la télégraphie sans fil.

Au point de vue théorique, on doit rapprocher les phénomènes qui se produisent dans ces tubes de ceux qu'étudiaient Graham Bell, C. A. Brown, Summer Tainter dès 1878. Les variations de résistance auxquelles les ondes lumineuses donnent naissance dans le sélénium et dans d'autres substances ne sont sans doute pas sans relation avec celles que les ondes électriques amènent dans la limaille.

On peut aussi établir un lien entre cet effet des ondes et les variations de résistance de contact qui ont permis à Hughes de construire le microphone, cet admirable instrument qui est l'un des organes essentiels de la téléphonie.

Plus directement, il convient de citer, comme antécédent de la découverte, la remarque faite en 1870 par Varley, qu'une poudre de charbon change de conductibilité lorsque l'on fait varier la force électromotrice du courant qui la traverse.

Mais c'est en 1884 qu'un professeur italien, M. Calzecchi-Onesti, démontra, dans une série remarquable d'expériences, que la limaille métallique contenue dans un tube de matière isolante, où pénètrent deux électrodes métalliques, acquiert une conductibilité notable sous différentes influences : extra-courants, courants induits, vibrations sonores, et que cette conductibilité est facilement détruite, par exemple, en tournant le tube sur lui-même.

Dans plusieurs mémoires, publiés en 1890 et 1891, M. Ed. Branly a signalé, d'une façon indépendante, des phénomènes semblables, et il en a fait une étude beaucoup plus complète et plus systématique; il constata, le premier, très nettement, que l'action décrite pouvait s'obtenir en faisant simplement éclater des étincelles au voisinage du radio-conducteur et que l'on pouvait faire reprendre à la limaille sa grande résistance en donnant une petite secousse au tube ou à son support.

L'idée d'utiliser ce phénomène si intéressant comme indicateur dans l'étude des ondes hertziennes semble être venue simultanément à plusieurs physiciens, parmi lesquels il convient de citer particulièrement M. Ed. Branly lui-même, M. Lodge et MM. Le Royer et Van Beschem; cet emploi devint rapidement chose courante dans les laboratoires.

L'action des ondes sur les poudres métalliques est d'ailleurs restée assez mystérieuse; elle a fait, depuis dix ans, l'objet de travaux importants de M. Lodge, de M. Branly et d'un très grand nombre de physiciens des plus distingués; on ne saurait citer ici toutes ces recherches; d'après un travail récent et fort intéressant de M. Blanc, il semble bien que le phénomène se rattache aux phénomènes d'ionisation.

§ 8.

L'histoire de la télégraphie sans fil ne s'arrête pas aux premières expériences de Marconi; mais, à partir du moment où leur succès fut annoncé par la grande presse, la question sortit du domaine de la science pure pour entrer dans celui de l'industrie.

La tâche de l'historien devient différente, mais plus délicate encore; il va rencontrer des difficultés que peut seul connaître celui qui veut écrire l'histoire d'une invention industrielle.

Les véritables perfectionnements apportés au système sont tenus secrets par des compagnies rivales; les résultats les plus sérieux sont patriotiquement laissés dans l'ombre par de savants officiers, qui travaillent avec discrétion en vue de la défense nationale, et, pendant ce temps, des hommes d'affaires, qui désirent lancer une Société, proclament, à grand renfort de réclame, qu'ils vont exploiter un procédé nouveau supérieur à tous les autres.

Sur ce terrain glissant, l'historien impartial doit cependant s'aventurer; il ne saurait refuser de dire les progrès accomplis, qui sont considérables. Il devra donc, après avoir raconté les expériences poursuivies, depuis bientôt dix ans, par Marconi lui-même, à travers le canal de Bristol d'abord; puis à la Spezzia, entre la côte et le cuirassé San-Bartholemo; puis, enfin, au moyen de gigantesques appareils, entre l'Amérique et l'Angleterre, signaler les noms de ceux qui, dans tous les pays civilisés, contribuèrent à l'amélioration du système de communication par ondes; il devra dire quels précieux services il a déjà rendu, ce système, à l'art de la guerre et, heureusement aussi, à la navigation pacifique.

Au point de vue de la théorie des phénomènes, des résultats très remarquables ont été obtenus par divers physiciens, parmi lesquels il convient de citer particulièrement M. Tissot, dont les travaux, très bien conduits, ont jeté une vive lumière sur différents points intéressants, par exemple sur le rôle des antennes.

Le système de Marconi, quelque perfectionné qu'il soit aujourd'hui, conserve un défaut grave;

le synchronisme des deux appareils, le producteur et le récepteur, n'est pas parfait, de sorte qu'un message envoyé par une station peut souvent être capté par une autre station quelconque. Le fait qu'on n'utilise pas les phénomènes de résonnance empêche en outre la quantité d'énergie reçue dans le récepteur d'être considérable, de telle sorte que les effets recueillis sont très faibles ; aussi le système reste-t-il assez capricieux; les communications sont souvent troublées par les phénomènes atmosphériques. Les circonstances qui rendent l'air momentanément conducteur, décharges électriques, ionisation, etc., empêchent d'ailleurs naturellement les ondes de passer, l'éther ayant perdu son élasticité.

De grands efforts ont été faits, en ces dernières années, pour résoudre le problème de la syntonie. Si, malgré leur persévérance et leur ingéniosité, MM. Marconi, Braun, Slaby, Tissot, Férié, etc., n'ont pas réussi à trouver une solution définitive, leurs travaux n'ont pas été inutiles et ont du moins permis d'augmenter la portée des ondes dans une énorme proportion.

Tout récemment, deux savants italiens, MM. Bellini et Tosi, appliquant d'une très heureuse manière un principe dont M. Turpain avait le premier indiqué la fécondité et que M. Blondel avait ensuite utilisé (l'association d'antennes à phases différentes donnant des systèmes d'ondes décalés les uns par rapport aux autres), ont obtenu de véritables ondes dirigées.

Des résultats encourageants ont, d'autre part, été obtenus, dans une voie différente, par M. Poulsen qui a eu l'idée de substituer aux oscillateurs jusqu'ici employés un arc électrique. On sait que M. Duddel avait déjà, il y a quelques années, utilisé les vibrations de l'arc pour reproduire des sons. M. Poulsen obtient des oscillations beaucoup plus fréquentes en produisant l'arc dans l'hydrogène; la puissance mise en jeu peut être rendue très considérable.

Les oscillations électriques ainsi produites se transmettent à d'assez grandes distances et l'appareil de transmission peut être rigoureusement accordé avec l'appareil de réception.

Arrivé ainsi au terme de ce long voyage, qui l'aurait conduit depuis les premiers essais jusqu'aux plus récentes expériences, l'historien ne saurait cependant émettre d'autre prétention que d'avoir écrit le commencement d'une histoire que d'autres devront continuer dans l'avenir : le progrès ne s'arrête pas et il n'est jamais permis de dire qu'une invention est parvenue à sa forme définitive.

S'il voulait, cet historien, donner une conclusion à son travail et répondre à la question que le lecteur ne manquerait sans doute pas de lui poser : « A qui doit-on, en résumé, plus particulièrement attribuer l'invention de la télégraphie sans fil? » Il devrait, sans doute, citer tout d'abord le nom de Hertz, le génial inventeur des ondes, puis celui de Marconi qui, le premier, transmit des signaux grâce aux ondes hertziennes, et ajouter ceux des savants qui, comme Morse, Popoff, Sir W. Preece, Lodge, Righi et, avant tout, M. Branly ont imaginé les dispositifs nécessaires à la transmission; mais il pourrait ensuite rappeler ce que Voltaire a écrit dans le Dictionnaire philosophique:

« Quoi! nous voudrions savoir quelle était précisément la théologie de Thot, de Zerdust, de Sanchoniathon, des premiers brahmanes, et nous ignorons qui a inventé la navette! Le premier tisserand, le premier maçon, le premier forgeron, ont été sans doute des grands génies, mais on n'en a tenu aucun compte. Pourquoi? C'est qu'aucun d'eux n'inventa un art perfectionné. Celui qui creusa un chêne pour traverser un fleuve, ne fit point de galères ; ceux qui arrangèrent des pierres brutes avec des traverses de bois, n'imaginèrent point les pyramides; tout se fait par degrés et la gloire n'est à personne. »

Aujourd'hui, plus que jamais, les paroles de Voltaire sont vraies; la science devient de plus en plus impersonnelle; elle nous apprend que le progrès est presque toujours dû aux efforts réunis d'une foule de travailleurs, et elle est ainsi la meilleure école de solidarité sociale.

CHAPITRE VIII

La conductibilité des gaz. — Les ions.

§ 1. — LA CONDUCTIBILITÉ DES GAZ

Si l'on s'en tenait aux faits que nous avons exposés jusqu'ici, l'on pourrait conclure que deux classes de phénomènes, malgré quelques difficultés qui ont été signalées, s'interprètent aujourd'hui de mieux en mieux. L'hypothèse de la constitution moléculaire de la matière nous permet de grouper les uns, l'hypothèse de l'éther nous amène à coordonner les autres.

Mais ces deux classes ne sauraient être considérées comme indépendantes l'une de l'autre; il existe évidemment, entre la matière et l'éther, des relations qui se manifestent en beaucoup de cas accessibles à l'expérience, et la recherche de ces relations apparaît comme le problème capital que le physicien doit se poser. La question, depuis longtemps déjà, a été abordée par divers côtés, mais les découvertes récentes sur la conductibilité des gaz, sur les substances radio-actives, sur les rayons cathodiques et similaires, ont permis, dans ces dernières années, de l'envisager sous un jour tout nouveau; sans vouloir ici exposer en détail des faits, qui, pour la plupart, sont d'ailleurs bien connus, on cherchera à grouper autour de quelques idées essentielles les principaux d'entre eux, et l'on tâchera de préciser les données qu'ils nous apportent pour la solution de ce grave problème.

C'est l'étude de la conductibilité des gaz qui a fourni tout d'abord les renseignements les plus importants et qui a permis de pénétrer, plus profondément qu'on n'avait su le faire jusqu'à ces dernières années, dans la constitution intime de la matière, et, par suite, d'aller en quelque sorte saisir sur le vif les actions qu'elle peut exercer, cette matière, sur l'éther ou réciproquement celles qu'elle en peut recevoir. On pouvait peut-être prevoir qu'une telle étude se montrerait remarquablement féconde; l'examen des phénomènes de l'électrolyse avait, en effet, conduit à des résultats d'une importance capitale sur la constitution des liquides, et les milieux gazeux, qui, dans toutes leurs propriétés, se présentent comme particulièrement simples, devaient, semble-t-il, fournir, dès le début, un champ d'investigations facile à exploiter et fort productif.

Il n'en fut rien cependant; des complications expérimentales surgissaient à chaque pas qui venaient obscurcir le problème. On se trouvait le plus souvent en présence de décharges disruptives violentes avec un cortège de phénomènes accessoires, dus par exemple à l'intervention des électrodes métalliques, et manifestés par les aspects complexes des aigrettes et des effluves, ou bien encore l'on avait affaire à des gaz chauds difficiles à manier, maintenus dans des récipients dont les parois jouaient un rôle fâcheux et venaient voiler la simplicité des faits fondamentaux; aussi, malgré les efforts d'un certain nombre de chercheurs, aucune idée générale ne s'était dégagée d'un amas de renseignements souvent contradictoires.

Beaucoup de physiciens, en France particulièrement, s'étaient désintéressés de questions qui semblaient si confuses, il faut même avouer franchement que quelques-uns d'entre eux avaient une méfiance véritablement injuste à l'égard de certains résultats que l'on aurait dû considérer comme acquis, mais qui avaient le tort d'être en contradiction avec les théories habituelles.

Toutes les idées classiques relativement aux phénomènes électriques conduisaient à considérer qu'il existait une symétrie parfaite entre les deux électricités, la positive et la négative; dans le passage de l'électricité à travers les gaz se manifeste, au contraire, une dissymétrie évidente : l'anode et la cathode se distinguent immédiatement dans un tube à gaz raréfié par un aspect très particulier; la conductibilité d'une flamme ne semble pas, dans certaines conditions, la même pour les deux modes d'électrisation.

Il n'est pas sans intérêt de remarquer qu'un savant allemand, très célèbre autrefois, très oublié aujourd'hui, Erman, avait, dès 1815, attiré l'attention sur la conductibilité uni-polaire de la flamme; ses contemporains, comme on en peut juger par la lecture des traités de physique du temps, avaient attaché à cette découverte une grande importance, mais, comme elle était un peu gênante et qu'elle ne rentrait pas volontiers dans les cadres des études ordinaires, poursuivies si fructueusement d'ailleurs, elle fut par la suite négligée, considérée sans doute comme insuffisamment établie, puis complètement oubliée.

Tous ces faits un peu obscurs, d'autres encore, comme l'action différente des radiations ultra-violettes sur les corps chargés positivement et négativement, vont, au contraire, se coordonner grâce aux idées actuelles sur le mécanisme de la conduction et ces idées permettront aussi d'interpréter la dissymétrie la plus frappante de toutes, celle que révèle l'électrolyse elle-même, dissymétrie que l'on ne pouvait certes nier, mais sur laquelle on n'avait pas porté une suffisante attention.

C'est à un physicien allemand, Giese, que l'on doit les premières notions sur le mécanisme de la conductibilité des gaz, telle qu'on se la représente aujourd'hui; dans deux mémoires, publiés en 1882 et en 1889, il arrive nettement à concevoir que la conduction n'est pas due aux molécules des gaz, mais à des fragments de ces molécules, à des ions. Giese fut un précurseur, mais ses idées ne pouvaient triompher tant que l'on n'avait pas le moyen d'observer la conduction dans des circonstances simples : ce moyen, ce fut la découverte des rayons X qui vint le fournir.

Imaginons que l'on fasse passer à travers un gaz quelconque, pris à la pression ordinaire, l'hydrogène par exemple, un faisceau de rayons X, le gaz, qui se comportait jusque-là comme un parfait isolant [1], acquiert subitement une conductibilité notable; si l'on plonge dans cet hydrogène deux électrodes métalliques en communication avec les deux pôles d'une pile, un courant s'établit, mais dans des conditions très spéciales qui font songer, lorsqu'on les précise par des expériences, au mécanisme qui permet le passage de l'électricité dans les électrolytes et qui se représente si bien quand on imagine que ce passage est dû à la migration vers les électrodes, sous l'action du champ, des deux ions produits par la division spontanée de la molécule dans la solution.

Admettons donc avec J.-J. Thomson et les nombreux physiciens qui, à sa suite, ont repris et développé l'idée de Giese que, sous l'influence des rayons X, pour des raisons qu'il restera à rechercher plus tard, certaines molécules gazeuses se sont divisées en deux fragments électrisés, l'un positivement, l'autre négativement, et que l'on appellera, par analogie avec le phénomène qui se produit dans l'électrolyse, des *ions*; si l'on vient alors à placer le gaz dans un champ électrique, produit par exemple par deux plateaux métalliques mis respectivement en communication avec

1. Tout au moins tant qu'on ne l'introduit pas entre les deux armatures d'un condensateur possédant une différence de potentiel suffisante pour vaincre ce que M. Bouty appelle sa cohésion diélectrique; nous laissons ici de côté ce phénomène, au sujet duquel M. Bouty est parvenu à des résultats importants à la suite d'une très remarquable série d'expériences.

les pôles d'une pile, les ions positifs chemineront vers le plateau relié au pôle négatif, les ions négatifs en sens contraire, il se produira ainsi un courant dû à l'apport aux électrodes des charges qui étaient sur les ions.

Si le gaz ainsi ionisé est abandonné à lui-même, en l'absence de tout champ électrique, les ions obéissant à leurs attractions mutuelles doivent arriver à se rencontrer, à se combiner, à reconstituer une molécule neutre et par suite à rétablir l'état initial ; le gaz, au bout de peu de temps, perd la conductibilité qu'il avait acquise ; tel est, du moins, le phénomène aux températures ordinaires. Mais si la température est plus élevée, les vitesses relatives des ions, au moment des chocs, pourront être assez grandes pour que la recombinaison ne puisse se produire intégralement et la conductibilité subsistera, au moins en partie.

Chaque élément de volume rendu conducteur fournit donc, dans un champ, des quantités égales d'électricité positive et négative ; si nous admettons, comme il vient d'être dit, que ces quantités libres sont portées par des ions ayant tous même charge, le nombre de ces ions sera proportionnel à la quantité d'électricité et, au lieu de parler de quantité d'électricité, nous pourrons employer le terme équivalent de nombre d'ions. Pour une excitation produite par un faisceau défini de rayons X, le nombre des ions libérés sera fixe ; ainsi, d'un volume de gaz déterminé, on ne pourra extraire qu'une quantité d'électricité également déterminée.

La conductibilité produite n'est pas régie par la loi d'Ohm ; l'intensité n'est pas proportionnelle à la force électromotrice, elle croît bien d'abord quand la force électromotrice augmente, mais elle s'approche asymptotiquement d'une valeur maxima qui correspond au nombre des ions libérés et qui peut, par suite, servir de mesure à la puissance de l'excitation ; c'est ce courant que l'on appelle le courant de saturation.

M. Righi a bien montré que le gaz ionisé n'obéissait pas à la loi d'Ohm par une expérience en apparence très paradoxale; il trouve que, plus la distance des deux plateaux électrodes est grande, plus grande aussi peut, dans certaines limites, être l'intensité du courant. Le fait s'interprète très bien dans la théorie de l'ionisation puisque, sur une plus grande longueur de la colonne gazeuse, le nombre des ions libérés doit être plus considérable.

Un des caractères les plus saillants des gaz ionisés sera de décharger les conducteurs électrisés ; ce phénomène ne sera pas produit par le départ de la charge que ces conducteurs peuvent posséder, mais par l'arrivée de charges opposées que viendront leur apporter les ions obéissant aux attractions électrostatiques et abandonnant leur propre électrisation lorsqu'ils sont arrivés au contact do ces conducteurs.

Cette manière d'envisager les phénomènes est extrêmement commode, éminemment suggestive; on peut sans doute penser que l'image des ions n'est pas identique à la réalité objective, mais on est obligé de reconnaître qu'elle représente, avec une fidélité absolue, tous les détails des phénomènes.

D'autres faits vont d'ailleurs donner à cette

hypothèse une plus grande valeur encore ; on va même pouvoir, en quelque sorte, saisir individuellement ces ions, les compter et mesurer leur charge.

2. — LA CONDENSATION DE LA VAPEUR D'EAU PAR LES IONS

Si la pression d'une vapeur, la vapeur d'eau par exemple, vient à atteindre dans l'atmosphère la valeur de la pression maxima correspondant à la température de l'expérience, la théorie élémentaire enseigne que le moindre abaissement de température provoquera une condensation ; des gouttelettes se formeront, le brouillard se transformera en pluie.

Dans la réalité, les choses ne se passent pas aussi simplement, un retard plus ou moins considérable pourra se produire, la vapeur restera sursaturée. On découvre aisément que ce phénomène est dû à l'intervention des actions capillaires ; sur une goutte liquide agit la tension superficielle, qui donne naissance à une pression d'autant plus grande que le diamètre de la goutte est plus petit.

La pression facilite l'évaporation, et, en examinant de plus près cette action, on arrive à considérer que la vapeur ne peut jamais spontanément se condenser lorsqu'il n'existe pas de gouttes liquides déjà formées, à moins que des forces d'autre nature n'interviennent pour diminuer l'effet des forces capillaires.

Dans le cas le plus fréquent, ces forces proviendront des poussières qui sont toujours en suspension dans l'air, ou qui existent dans n'importe quel récipient. Les grains de poussière agissent par leur pouvoir hygrométrique et forment des germes autour desquels les gouttes vont pouvoir se former. On peut, comme l'a fait dès 1875 M. Coulier, utiliser ce phénomène pour enlever les germes de condensation, en produisant par détente, dans un flacon contenant un peu d'eau, un premier brouillard qui purifie l'air; dans des expériences ultérieures, il deviendra alors presque impossible de produire une nouvelle condensation de la vapeur.

Mais ces forces peuvent aussi être d'origine électrique. M. R. von Helmboltz a, depuis longtemps, montré que l'électricité exerce une influence sur la condensation de la vapeur d'eau et M. Wilson a, sur ce sujet, effectué de véritables expériences de mesure. On découvrit rapidement, après l'apparition des rayons X, que les gaz devenus conducteurs, les gaz ionisés, facilitent, eux aussi, la condensation de la vapeur d'eau sursaturée.

On est ainsi conduit, par une nouvelle voie, à penser qu'il existe dans les gaz des centres électrisés et que chaque centre attire à lui les molécules d'eau voisine, comme le fait un bâton de résine électrisé pour les corps légers placés dans son voisinage. Il se produit de cette manière, autour de chaque ion, un rassemblement de molécules d'eau qui constitue un germe capable de provoquer la formation d'une goutte d'eau, résultant de la condensation de la vapeur en excès dans l'air ambiant ; comme on doit s'y attendre, les gouttes sont électrisées et ont pris la charge des centres autour desquels elles se sont formées; autant d'ailleurs il y aura d'ions, autant de gouttes prendront naissance.

Dès lors, il suffira de compter ces gouttes, pour connaître, par là même, le nombre des ions qui existaient dans la masse gazeuse.

Pour faire ce dénombrement, plusieurs méthodes ont été employées ; différentes dans leur principe, elles conduisent cependant à des résultats pareils. On peut, comme l'ont fait MM. Wilson et J.-J. Thomson, évaluer, d'une part, le poids du brouillard qui se produit dans des conditions déterminées, et, d'autre part, le poids moyen des gouttes, en déduisant leur diamètre, d'après une formule donnée autrefois par Sir G. Stokes, de la vitesse avec laquelle descend ce brouillard ; on peut, comme M. Lemme, déterminer le rayon moyen des gouttes par un procédé optique, en mesurant le diamètre du premier anneau de diffraction produit lorsqu'on regarde un point lumineux à travers le brouillard.

L'on arrive ainsi à un nombre considérable ; il y a, par exemple, lorsque les rayons ont produit leur effet maximum, quelques vingt millions d'ions par centimètre cube ; mais pour élevé qu'il soit, ce nombre est encore très petit par rapport au nombre total des molécules ; toutes les conclusions tirées des théories cinétiques nous amènent à penser que, dans le même espace, à côté d'une molécule séparée en deux ions, il doit en subsister intactes un milliard, restées à l'état neutre.

M. Wilson a remarqué que les ions positifs et les ions négatifs ne produisent pas la condensation avec la même facilité ; on peut séparer à peu près complètement les ions de signe contraire en plaçant le gaz ionisé dans un champ convenablement disposé: au voisinage d'un disque négatif, il n'y a plus guère que des ions positifs, contre un disque positif ne se rencontrent que des ions négatifs; et, en opérant une séparation de ce genre, on pourra constater que la condensation par les ions négatifs est plus facile que par les ions positifs.

Il est, par suite, possible de ne provoquer la condensation que sur les centres négatifs et d'étudier séparément les phénomènes produits par les deux sortes d'ions; on vérifie ainsi qu'ils portent bien des charges égales en valeur absolue; l'on peut même évaluer ces charges, puisque l'on connaît déjà le nombre des gouttes; cette évaluation se fera, par exemple, en comparant les vitesses de chute d'un brouillard dans des champs de différente valeur, ou, comme l'a fait J.-J. Thomson, en mesurant la quantité totale d'électricité libérée dans le gaz.

Au degré d'approximation que peuvent comporter de telles expériences, on arrive à trouver que la charge d'une goutte, et par conséquent la charge portée par un ion, est sensiblement $3,4 \times 10^{-10}$ unités électrostatiques ou $1,1 \times 10^{-20}$ unités électromagnétiques; cette charge est très voisine de celle que l'étude des phénomènes de l'électrolyse ordinaire conduit à attribuer à un atome monovalent produit par la dissociation électrolytique.

Une telle coïncidence est évidemment très frappante; elle ne sera pas la seule d'ailleurs, quel que soit le phénomène étudié, il apparaîtra toujours que la plus petite charge que nous puissions concevoir isolée est celle-là; on se trouve en présence d'une unité naturelle ou, si l'on veut, de l'atome d'électricité.

Il faudrait bien, toutefois, se garder de croire que l'ion gazeux est identique à l'ion électrolytique ; des différences sensibles apparaissent immédiatement, de plus grandes encore seront relevées par un examen plus approfondi.

Comme l'a montré M. Perrin, l'ionisation produite par les rayons X ne dépend en aucune façon de la composition chimique du gaz ; que l'on prenne un volume d'acide chlorhydrique gazeux ou un mélange d'hydrogène et de chlore dans les mêmes conditions, tous les résultats resteront identiques, les affinités chimiques ne jouent ici aucun rôle.

On peut obtenir encore d'autres renseignements sur les ions, connaître par exemple leurs vitesses, et aussi avoir une idée de leur ordre de grandeur.

En composant les vitesses que possèdent les charges libérées avec la vitesse connue d'un courant gazeux, M. Zeleny mesure les mobilités, c'est-à-dire les vitesses acquises dans un champ égal à l'unité électrostatique par les charges positives et négatives ; il a trouvé que ces mobilités étaient différentes, elles varient, par exemple, entre 400 et 200 centimètres par seconde pour les deux charges dans les gaz secs, les ions positifs étant moins mobiles que les négatifs ; ce qui suggère cette pensée qu'ils sont, sans doute, de masse plus grande.

M. Langevin, qui s'est fait en France l'apôtre très éloquent des nouvelles doctrines et qui a contribué grandement à les faire comprendre et à les faire admettre, a personnellement entrepris des expériences analogues à celles de M. Zeleny, mais beaucoup plus complètes ; il a étudié d'une façon très ingénieuse, non seulement les mobilités, mais encore la loi de recombinaison qui régit le retour spontané du gaz à l'état normal. Il détermine expérimentalement le rapport du nombre de recombinaisons au nombre des collisions entre les deux ions de signe contraire, en étudiant la variation, produite par un changement dans la valeur du champ, de la quantité d'électricité que l'on peut recueillir dans le gaz, qui sépare deux lames métalliques parallèles après le passage, dans ce gaz, pendant un temps très court, des rayons Röntgen émis dans une seule décharge d'un tube de Crookes. Si l'image des ions est bien conforme à la réalité, ce rapport doit être évidemment toujours plus petit que l'unité, et tendre vers cette valeur lorsque la mobilité des ions diminue, c'est-à-dire quand la pression du gaz augmente. Les résultats obtenus sont en parfait accord avec cette prévision.

D'autre part, M. Langevin a pu, en suivant le déplacement des ions dans l'intervalle des lames parallèles, après l'ionisation produite par la radiation, déterminer les valeurs absolues des mobilités avec une grande précision, il a ainsi mis nettement en évidence l'irrégularité des mobilités positives et négatives.

Connaissant, par des expériences de ce genre, la vitesse des ions dans un champ déterminé, connaissant, d'autre part, puisque l'on a su évaluer leur charge électrique, la force qui les fait mouvoir, on peut calculer leur masse ; ils progressent évidemment moins vite quand ils sont plus gros ; dans le milieu visqueux que constitue le gaz, le déplacement se fait avec une vitesse sensiblement proportionnelle à la force motrice.

A la température ordinaire ces masses sont relativement considérables, plus grandes pour les ions positifs que pour les négatifs, environ de l'ordre d'une dizaine de molécules ; les ions paraissent donc formés par une agglomération de molécules neutres maintenues, autour d'un centre électrisé, par les attractions électrostatiques.

Si la température s'élève, l'agitation thermique deviendra assez grande pour empêcher les molécules de rester liées au centre ; par des mesures effectuées dans les gaz des flammes, on arrive à des valeurs des masses très différentes de celles que l'on avait trouvées pour les ions ordinaires et surtout très différentes pour les ions de signe contraire. Les ions négatifs ont des vitesses bien plus considérables que les positifs ; ceux-ci paraissent de la grosseur même des atomes ; les premiers doivent, par suite, être considérés comme beaucoup plus petits, un millier de fois environ.

Ainsi, pour la première fois dans la science, apparaît l'idée que l'atome n'est pas la plus petite fraction de la matière qui soit à considérer ; il peut exister des fragments mille fois plus petits, possédant d'ailleurs une charge négative ; ce sont les électrons que nous allons de nouveau rencontrer dans l'étude d'autres phénomènes.

§ 3. — CIRCONSTANCES OU SE PRODUISENT LES IONS

Il est très rare que dans une masse gazeuse n'existent pas quelques ions ; ils ont pu être formés sous l'influence de causes multiples, car si nous avons parlé, tout d'abord, de l'ionisation par les rayons X pour préciser notre étude et nous placer dans un cas bien déterminé, nous ne devons pas cependant donner à penser que le phénomène est particulier à ces rayons.

Il est au contraire fort général ; l'ionisation se produit aussi bien par les rayons cathodiques, par les radiations émises par les corps radio-actifs, par les rayons ultra-violets, par l'échauffement jusqu'à une température élevée, par certaines actions chimiques, enfin par le choc des ions déjà existant sur les molécules neutres.

En ces dernières années, ces questions nouvelles ont été l'objet de travaux multiples, et l'on n'a pas su toujours éviter quelques confusions; des conclusions générales peuvent cependant se dégager.

L'ionisation par les flammes, en particulier, est assez bien connue ; pour qu'elle se produise spontanément, il semble qu'il faut à la fois une température assez élevée et une action chimique dans le gaz.

D'après M. Moreau, l'ionisation est très marquée quand la flamme contient la vapeur d'un sel alcalin ou alcalino-terreux, beaucoup moins quand celle-ci renferme d'autres sels. Arrhénius, M. Wilson, M. Moreau ont étudié toutes les circonstances du phénomène ; il semble bien qu'il y a une analogie assez étroite entre ce qui se passe tout d'abord dans les vapeurs salines et ce que l'on constate dans les électrolytes liquides ; il se produirait, à partir d'une certaine température, une dissociation de la molécule saline; comme l'a montré M. Moreau, dans une suite très bien conduite de recherches, les ions formés au voisinage de 100° paraissent constitués par un centre électrisé, de la grosseur de la molécule d'un gaz, entouré d'une dizaine de couches de molécules. On a donc affaire à des ions assez gros, mais selon M. Wilson, ce phénomène de condensation n'affecterait pas le nombre des ions que produit la dissociation. A mesure que la température s'élève, les molécules condensées autour du noyau disparaissent et, comme dans toutes les autres circonstances, l'ion négatif tend à devenir un électron, tandis que l'ion positif conserve la grosseur d'un atome.

On trouve, dans d'autres cas, des ions encore plus gros que ceux des vapeurs salines, tels sont par exemple ceux que produisent le phosphore. On a reconnu depuis longtemps que l'air, au voisinage du phosphore, devient conducteur, le fait signalé dès 1885 par Matteucci a été bien étudié par divers expérimentateurs, par exemple en 1890 par MM. Elster et Geitel ; d'autre part, en 1893, M. Barus a établi que l'approche d'un bâton de phosphore produisait la condensation de la vapeur d'eau, on est donc bien en présence d'une ionisation (1). M. Bloch est parvenu à débrouiller les phénomènes qui sont ici très complexes, il a réussi à montrer que les ions produits sont de dimensions considérables car leur vitesse, dans les mêmes conditions, est en moyenne mille fois plus faible que celle des ions dus aux rayons X.

M. Bloch a établi aussi que la conductibilité, étudiée déjà par plusieurs auteurs, des gaz récemment préparés, était analogue à celle à laquelle le

1. M. Schmidt soutient cependant encore que la conductibilité de l'air qui environne le phosphore ne serait pas due à une ionisation du gaz mais à une convection par les particules des acides qui entourent le phosphore.

phosphore donne naissance, elle est intimement liée à la présence de poussières solides ou liquides très ténues que ces gaz entraînent avec eux; les ions sont encore du même ordre de grandeur[1].

Ces gros ions existent d'ailleurs, en petite quantité, dans l'atmosphère; M. Langevin a pu en déceler la présence par des expériences directes.

Il peut arriver, et cela ne laisse pas que de compliquer singulièrement les choses, que les ions qui se meuvent au milieu des molécules matérielles, viennent, à la suite d'une collision, à produire de nouvelles scissions dans ces dernières; d'autres ions prendront ainsi naissance, cette production sera en partie compensée par des recombinaisons entre des ions de signes opposés. Les chocs seront plus actifs dans le cas où le gaz est placé dans un champ et quand la pression est faible, la vitesse acquise étant alors plus grande et permettant à la force vive d'atteindre une valeur élevée; l'énergie nécessaire à la production d'un ion est, en effet, d'après M. Rutherford et aussi d'après M. Stark, assez considérable, elle dépasse de beaucoup celle qui correspond à la décomposition électrolytique.

C'est donc dans les tubes à gaz raréfiés que cette ionisation par chocs se fera particulièrement sentir; on trouve ainsi la raison des aspects que présentent les tubes de Geissler; en général, dans les décharges, aux électrons émis, comme on le verra, par la cathode, viennent s'ajouter de nouveaux ions produits par les molécules frappées; une discussion complète conduit à interpréter tous

1. M. de Broglie, dans des recherches remarquablement soignées, est arrivé à des résultats analogues relativement aux gaz qui ont barboté dans des liquides.

les faits connus, à comprendre, par exemple, pourquoi il existe des espaces brillants ou obscurs en certaines régions. M. Pellat, particulièrement, a donné plusieurs démonstrations expérimentales de cette concordance entre la théorie et les faits qu'il a adroitement observés.

Aussi bien, dans toutes les circonstances où apparaissent les ions, leur formation a sans doute été provoquée par un mécanisme analogue à celui du choc. Les rayons X, s'ils sont attribuables à de brusques variations dans l'éther, c'est-à-dire à une variation des deux vecteurs de Hertz, produisent eux-mêmes dans l'atome une sorte d'impulsion électrique qui le scinde en deux fragments électrisés : le centre positif, qui est de la grosseur de la molécule elle-même, le centre négatif constitué par un électron mille fois plus petit ; autour de ces deux centres viennent, à la température ordinaire, s'agglomérer par attraction d'autres molécules et, ainsi, se constituent les ions dont les propriétés viennent d'être étudiées.

§ 4. — LES ÉLECTRONS DANS LES MÉTAUX.

Le succès de l'hypothèse des ions, lorsqu'il s'agit d'interpréter la conductibilité des électrolytes et celle des gaz, a suggéré le désir d'essayer une hypothèse semblable pour représenter la conductibilité ordinaire des métaux.

On est ainsi amené à des conceptions qui, de prime abord, paraissent assez audacieuses parce qu'elles sont fort contraires à nos habitudes. Il ne faut pas cependant les rejeter pour une telle raison ; certes la dissociation électrolytique semblait, dans le début, au moins aussi étrange, elle a fini cependant par s'imposer, et nous ne saurions plus guère aujourd'hui nous passer de l'image qu'elle nous fournit.

L'idée que la conductibilité des métaux n'est pas essentiellement différente de celle des liquides électrolytiques ou des gaz, en ce sens que le passage du courant est lié au transport de petites particules électrisées, remonte déjà loin ; elle a été énoncée par W. Weber, développée ensuite par Giese, mais elle n'a pris son véritable sens qu'à la suite des découvertes récentes ; ce sont les travaux de Riecke, puis de Drude, et surtout de J.-J. Thomson, qui ont permis de lui donner une forme acceptable ; tous ces essais se rattachent, d'ailleurs, à la théorie générale de Lorentz, que l'on étudiera plus loin.

On admettra que les atomes métalliques peuvent, comme la molécule saline dans une dissolution, se dissocier partiellement ; les électrons, beaucoup plus petits que les atomes, peuvent se mouvoir à travers l'édifice, considérable pour eux, que constitue cet atome dont ils viennent d'être détachés ; on peut les comparer aux molécules d'un gaz qui serait enfermé dans un corps poreux. Dans les conditions ordinaires, malgré la grande vitesse dont ils sont animés, ils ne peuvent parcourir de grandes distances, parce que, après un très court trajet, ils trouvent leur chemin barré par un atome matériel ; ils ont à subir des chocs innombrables qui les rejettent tantôt dans une direction, tantôt dans une autre ; le passage d'un courant serait une sorte d'écoulement de ces électrons dans un sens déterminé ; cet écoulement électrique n'entraîne, d'ailleurs, aucune modification dans le milieu matériel traversé, puisque chaque électron qui disparait en un point est remplacé par un autre qui apparaît aussitôt et que, dans tous les métaux, les électrons sont identiques.

Cette hypothèse amène à prévoir certains faits que l'expérience confirme : ainsi J.-J. Thomson démontre que si, dans certaines conditions, un conducteur est placé dans un champ magnétique, les ions doivent décrire une cycloïde, leur chemin est ainsi allongé et la résistance électrique doit croître ; si le champ est dans la direction du déplacement, ils décrivent des hélices autour des lignes de force, et la résistance est encore augmentée, mais dans d'autres proportions. Divers expérimentateurs ont pu constater des phénomènes de ce genre dans différentes substances.

Depuis longtemps, l'on a remarqué qu'il existe une relation entre la conductibilité calorifique et la conductibilité électrique ; le rapport de ces deux conductibilités est sensiblement le même pour tous les métaux. La théorie actuelle conduit à démontrer simplement qu'il en doit bien être ainsi ; la conductibilité calorifique serait due, en effet, à un échange des électrons entre la région chaude et la région froide, les électrons chauds, ayant une vitesse plus grande et, par suite, une énergie plus considérable ; les échanges calorifiques obéissent donc à des lois semblables à celles qui régissent les échanges électriques ; le calcul conduit même aux valeurs exactes que les mesures ont fourni.

De même, M. Hesehus explique comment se produit l'électrisation au contact par la tendance qu'auraient les corps à égaliser leurs propriétés superficielles au moyen d'un transport d'électrons, et M. Jeans fait voir que l'on retrouverait les lois bien connues de la distribution sur les corps conducteurs en équilibre électrostatique.

Un métal peut, en effet, être électrisé, c'est-à-dire contenir un excès positif ou négatif d'électrons qui ne sauraient le quitter facilement, dans les conditions ordinaires ; pour les faire sortir, il faudrait dépenser un travail appréciable, à cause de l'énorme différence des pouvoirs inducteurs spécifiques du métal et du milieu isolant où il est plongé.

Toutefois, les électrons qui posséderaient, en arrivant à la surface du métal, une énergie cinétique supérieure à ce travail pourraient être projetés au dehors ; ils se dégageraient comme une vapeur s'échappe d'un liquide ; or, le nombre de ces électrons rapides, d'abord très faible, croît, d'après la théorie cinétique, lorsque la température vient à s'élever et l'on doit, par suite, s'attendre à ce qu'un fil chauffé émette des électrons, c'est-à-dire perde de l'électricité négative, et envoie, dans les milieux environnants, des centres électrisés capables de produire des phénomènes d'ionisation.

Edison avait, en 1884, montré que, du filament d'une lampe à incandescence, s'échappent des charges électriques négatives ; depuis lors, Richardson et J.-J. Thomson ont étudié des phénomènes analogues ; cette émission est un phénomène très général qui joue, sans doute, un rôle considérable dans la physique cosmique ; M. Arrhénius explique, par exemple, les aurores polaires par l'action de corpuscules semblables émis par le soleil.

Dans d'autres phénomènes, il semble bien qu'on se trouve en présence d'une émission non d'électrons négatifs, mais d'ions positifs ; ainsi, quand on chauffe un fil, non plus dans le vide, mais dans un gaz, le fil commence par électriser positivement les corps voisins.

J.-J. Thomson a mesuré la masse de ces ions positifs et la trouve considérable, 150 fois environ celle d'un atome d'hydrogène, quelques-uns sont encore plus gros, ils constituent presque un véritable grain de poussière; sans doute on rencontre ici les phénomènes de désagrégation qu'éprouvent les métaux chauffés au rouge.

CHAPITRE IX

Les rayons cathodiques. — Les corps radio-actifs.

§ 1. — LES RAYONS CATHODIQUES

Un fil parcouru par un courant électrique est, comme il vient d'être expliqué, le siège d'un mouvement d'électrons ; coupons ce fil : pareil au courant d'eau qui, en un point d'une conduite où vient à se produire une rupture, se répand en abondance au dehors, un flux d'électrons va sans doute jaillir entre les deux extrémités de la coupure.

Si l'énergie des électrons est suffisante, ils vont en effet sortir, ces électrons, se propager dans l'air ou dans le milieu isolant interposé ; mais les phénomènes produits dans les décharges seront en général fort complexes ; nous n'examinerons ici qu'un cas particulièrement simple, celui des rayons cathodiques, et, sans entrer dans les détails, nous retiendrons seulement les résultats relatifs à ces rayons qui viennent apporter de précieux arguments en faveur de l'hypothèse des électrons et fournir de solides matériaux pour la construction de nouvelles théories de l'électricité et de la matière.

Depuis longtemps déjà, l'on avait constaté que, dans un tube de Geissler, les phénomènes changent considérablement d'aspect lorsque la pression du gaz devient très faible sans que cependant le vide soit parfait ; de la cathode jaillit normalement et en ligne droite, à l'intérieur du tube, un flux obscur mais capable d'impressionner une plaque photographique, de développer la fluorescence de diverses substances et particulièrement des parois en verre, de produire des effets calorifiques et mécaniques; ce sont les rayons cathodiques, ainsi nommés en 1883 par E. Wiedemann, et leur nom encore ignoré, il y a une douzaine d'années à peine, d'un grand nombre de physiciens est devenu aujourd'hui populaire.

Vers 1869, Hittorf en avait fait une étude fort complète déjà et avait mis leurs principales propriétés en évidence, mais ce furent surtout les travaux de Sir W. Crookes qui attirèrent sur eux l'attention. Le célèbre physicien pressentait que les phénomènes qui se produisent ainsi dans les gaz raréfiés sont, malgré leur complication encore bien grande, plus simples que ceux que présente la matière prise dans les conditions où elle se rencontre ordinairement.

Il imagina une théorie célèbre qui ne saurait plus être intégralement admise, parce qu'elle n'est pas en accord complet avec les faits, mais qui était fort intéressante et qui renfermait en germe, certaines des idées actuelles. Pour Crookes, dans le tube où le gaz a été raréfié, on se trouve en présence d'un état spécial de la matière, le nombre des molécules du gaz est devenu assez petit pour que leur indépendance soit presque absolue, elles peuvent,dans cet état *radiant*, parcourir de longs espaces sans dévier de la ligne droite. Les rayons cathodiques sont dus à une sorte de bombardement moléculaire sur les parois des tubes et des écrans que l'on peut introduire à l'intérieur de ce tube ; ce sont les molécules, électrisées par leur contact avec la cathode, puis repoussées avec force par les actions électrostatiques, qui produisent par leur mouvement, leur force vive, tous les phénomènes observés. D'ailleurs ces molécules électrisées, animées de vitesses extrêmement rapides, correspondent, d'après la théorie vérifiée dans la célèbre expérience de Rowland sur les courants de convection, à un véritable courant électrique et peuvent être déviées par un aimant.

Malgré le succès des expériences de Crookes, beaucoup de physiciens, et particulièrement les physiciens allemands, n'avaient pas renoncé à une hypothèse entièrement différente de l'hypothèse de la matière radiante ; ils continuaient à considérer le rayonnement cathodique comme dû à des radiations particulières, de nature encore mal connue, mais se produisant dans l'éther lumineux. Cette interprétation sembla bien, en 1894, devoir définitivement triompher à la suite d'une découverte remarquable de Lenard, découverte qui, à son tour, devait en provoquer tant d'autres et entraîner des conséquences dont, chaque jour, la portée paraît plus considérable.

L'idée fondamentale de M. Lenard fut d'étudier

les rayons cathodiques dans des conditions différentes de celles où ils se produisent. Ces rayons prennent naissance dans un espace très raréfié, sous des conditions parfaitement déterminées par Sir W. Crookes, mais, une fois produits, ne sont-ils pas capables de se propager dans d'autres milieux, dans un gaz à la pression ordinaire ou même dans le vide absolu? L'expérience seule pouvait répondre à cette question, mais on se trouvait en face de difficultés qui semblaient presque insurmontables; les rayons sont arrêtés par le verre, même sous une épaisseur faible: comment, dès lors, séparer l'espace presque vide, où nécessairement ils doivent prendre naissance, de l'espace absolument vide ou rempli de gaz, dans lequel on voudrait essayer de les faire pénétrer? L'artifice à employer fut suggéré à M. Lenard par une expérience de Hertz. Le grand physicien s'était, en effet, occupé, peu de temps avant sa mort prématurée, de cette importante question des rayons cathodiques, son génie a laissé là, comme ailleurs, sa marque puissante ; il avait montré que des feuilles métalliques de très faible épaisseur sont transparentes pour les rayons cathodiques ; M. Lenard est parvenu à obtenir des feuilles imperméables à l'air, mais qui se laissent cependant encore traverser par le faisceau cathodique.

Si l'on prend alors une ampoule de Crookes dont l'extrémité est hermétiquement fermée par une plaque métallique présentant une fente diamétrale de $1^m/_m$ de largeur, et que l'on obture cette fente par une feuille d'aluminium très mince, on constate immédiatement que les rayons traversent la feuille et sortent de l'ampoule; ils se propagent dans l'air à la pression atmosphérique, ils peuvent aussi pénétrer dans le vide absolu ; dès lors, on ne saurait plus les attribuer à la matière radiante, et l'on est amené à penser que l'énergie mise en jeu dans le phénomène a son siège dans l'éther lumineux lui-même.

Mais c'était une lumière bien étrange que cette lumière sur laquelle l'aimant agissait, qui n'obéissait pas au principe du retour inverse et pour laquelle les gaz les plus divers étaient déjà des milieux troubles. Elle possédait, en outre, d'après Crookes, la singulière propriété de transporter avec elle des charges électriques.

Cette convection d'électricité négative par les rayons cathodiques semble tout à fait inexplicable dans l'hypothèse où les rayons sont des radiations éthérées ; on n'avait guère d'autre ressource, pour maintenir l'hypothèse, que de nier la convection qui n'était d'ailleurs établie que par des expériences indirectes.

On doit à M. J. Perrin d'avoir mis hors de toute contestation possible la réalité de ce transport, par une expérience extrêmement élégante et qui est d'autant plus convaincante qu'elle est plus simple. M. J. Perrin recueillit, à l'intérieur du tube de Crookes, le faisceau cathodique dans un cylindre métallique. Conformément aux principes élémentaires de l'électricité, ce cylindre devra se charger de toute la charge apportée par les rayons si elle existe; bien entendu diverses précautions doivent être prises, mais le résultat fut très net, aucun doute ne pouvait subsister : les rayons sont électrisés.

On aurait pu, on la fait quelque temps encore après que cette expérience fut publiée, soutenir que les phénomènes à l'intérieur de l'ampoule sont compliqués, qu'à l'extérieur les choses se passeraient peut-être autrement, mais Lenard lui-même, avec cette absence de tout parti-pris même involontaire qui n'appartient qu'aux grands savants, se chargea de démontrer que l'opinion à laquelle il s'était d'abord rangé ne pouvait plus être soutenue, car, dans l'air ou même dans le vide, il parvint à répéter sur les rayons cathodiques l'expérience de M. Perrin.

Sur les débris des deux hypothèses contradictoires ainsi détruites l'une et l'autre, en conservant d'ailleurs les matériaux qui avaient servi à les construire, on a pu édifier une théorie qui coordonne très bien tous les faits connus, cette théorie est d'ailleurs étroitement liée à la théorie de l'ionisation, comme celle-ci, elle repose sur la conception de l'électron : les rayons cathodiques sont des électrons en mouvement rapide.

Les phénomènes qui se produisent, soit dans le tube de Crookes, soit au dehors, sont d'ailleurs généralement complexes ; dans les premières expériences de Lenard, dans beaucoup d'autres qui ont été faites ensuite, alors que cette région de la physique était fort mal connue, dans quelques-unes même qui se publient aujourd'hui encore, l'on peut remarquer quelques confusions.

A l'endroit où les rayons cathodiques viennent frapper la paroi, apparaissent les rayons X essentiellement différents, puisqu'ils ne sont pas électrisés, qu'ils ne sont pas déviables par l'aimant ; ces rayons peuvent à leur tour donner naissance à des rayons secondaires de M. Sagnac ; souvent on s'est trouvé en présence des effets produits par ces radiations et non par les rayons cathodiques véritables.

Les électrons se propageant dans un gaz peuvent ioniser les molécules de ce gaz, s'unir avec les atomes neutres pour former des ions négatifs, pendant qu'apparaissent des ions positifs. Dans les tubes, il se produit ainsi, au dépens du gaz qui subsistait encore après la raréfaction, des ions positifs qui, attirés par la cathode et arrivant sur elle, ne sont pas tous neutralisés par les électrons négatifs, et qui peuvent, si cette cathode est percée d'un trou, la traverser, ou sinon la contourner; on a alors ce que l'on appelle les rayons canaux de Goldstein qui sont déviés par un champ électrique ou magnétique en sens contraire des cathodiques mais qui, étant plus gros, donnent des déviations faibles, ou qui peuvent même n'être plus deviables parce qu'ils ont perdu leur charge en traversant la cathode.

Il se peut aussi que ce soit les portions de parois éloignées de la cathode qui envoient à celle-ci, par un mécanisme semblable, un afflux positif; il se peut encore qu'en certaines régions du tube l'on rencontre des rayons cathodiques diffusés par un obstacle solide quelconque, sans avoir pour cela changé de nature. Toutes ces complications ont été démêlées par M. Villard, qui a publié sur ces questions des expériences remarquablement ingénieuses et particulièrement soignées.

M. Villard a étudié aussi les phénomènes d'enroulement des rayons dans un champ, signalés déjà par Hittorf et Plücker :

Quand un champ magnétique agit sur la particule cathodique, cette particule suit une trajectoire en général hélicoïdale qui peut être prévue par la théorie ; on se trouve en présence d'une question de balistique assez simple.

L'expérience confirme très bien les prévisions du calcul. Toutefois des phénomènes assez singuliers apparaissent pour certaines valeurs du champ, ces phénomènes entrevus par Plücker et par M. Birkeland, ont fait aussi l'objet des recherches de M. Villard ; les deux faces de la cathode semblent alors émettre des rayons qui sont déviés dans un sens perpendiculaire aux lignes de force par un champ électrique et qui ne paraissent pas électrisés. M. Villard les appelle des rayons magnéto-cathodiques ; d'après M. Fortin, ces rayons pourraient être des rayons cathodiques ordinaires mais de très faible vitesse.

Dans certains cas, la cathode elle-même peut se désagréger superficiellement, des parcelles extrêmement ténues s'en détachent, qui, transportées normalement, peuvent aller se déposer comme un voile très mince sur les objets placés sur le trajet. Divers physiciens, M. Houllevigue entre autres, ont étudié ce phénomène, et pour des pressions comprises entre 1/20 et 1/100 de millimètre, M. Houllevigue a obtenu des couches spéculaires avec la plupart des métaux, c'est le phénomène qu'il désigne sous le nom de ionoplastie.

Mais, malgré tous les phénomènes accessoires qui viennent ainsi s'ajouter au phénomène primitif et le dissimuler même parfois, l'existence de l'électron dans le flux cathodique reste le caractère essentiel.

L'électron sera saisi, dans le rayon cathodique, par l'étude de ses propriétés essentielles ; c'est J.-J. Thomson qui a donné à l'hypothèse une grande valeur par les mesures qu'il a effectuées. Tout d'abord il avait voulu déterminer la vitesse des rayons cathodiques par des expériences directes, en observant, dans un miroir tournant, le déplacement relatif de deux bandes dues à l'excitation de deux écrans fluorescents placés à des distances différentes de la cathode, mais il comprit bientôt que l'effet de fluorescence n'était pas instantané et que le retard pouvait être une grave cause d'erreur.

Il eut recours alors à des méthodes indirectes ; on peut, par un calcul simple, évaluer les déviations produites sur les rayons par un champ magnétique et par un champ électrique, en fonction de la vitesse de propagation et du rapport de la charge à la masse matérielle de l'électron ; la mesure de ces déviations permettra donc de connaître cette vitesse et ce rapport.

D'autres procédés peuvent être employés qui fournissent toujours ces deux mêmes quantités par deux mesures convenablement associées : rayon de courbure que prend la trajectoire du faisceau dans un champ magnétique perpendiculaire et mesure de la chute de potentiel sous laquelle se fait la décharge ; mesure de la quantité totale de l'électricité transportée en une seconde et mesure de l'énergie calorifique qui peut être cédée pendant ce même temps à une soudure thermo-électrique ; les résultats sont aussi concordants qu'on peut l'espérer eu égard à la difficulté des expériences, les valeurs de la vitesse concordent aussi avec celles que M. Viechert a pu obtenir par des mesures directes.

La vitesse ne dépend jamais de la nature du gaz contenu dans le tube de Crookes, elle varie suivant la valeur de la chute de potentiel cathodique, elle est de l'ordre du dixième de la vitesse de la lumière, elle peut en atteindre le tiers : la particule cathodique va donc environ trois mille fois plus vite que la terre sur son orbite. Le rapport est, lui aussi, invariable, alors même qu'on vient à changer la substance dont est formée la cathode ou à substituer un gaz à un autre, il est en moyenne mille fois plus grand que le rapport correspondant dans l'électrolyse. Comme l'expérience a démontré, dans toutes les circonstances où la mesure a pu se faire, l'égalité des charges portées par tous les corpuscules, ions, atomes, etc., nous devons penser que la charge de l'électron est bien encore ici celle d'un ion monovalent dans l'électrolyse et par suite que sa masse n'est qu'une petite fraction de celle de l'atome d'hydrogène, de l'ordre du millième environ ; c'est le même résultat que celui auquel nous avait amenés l'étude des flammes.

L'examen approfondi du rayonnement cathodique nous confirme donc dans cette idée que n'importe quel atome matériel peut se dissocier en donnant un électron beaucoup plus petit et toujours identique, quelle que soit la matière d'où il provienne, le reste de l'atome restant chargé d'une quantité positive égale et contraire à celle que porte l'électron. Dans le cas présent, ces ions positifs sont sans doute ceux que l'on retrouve dans les rayons canaux; M. Wien a montré que leur masse était bien en effet de l'ordre de la masse des atomes. Quoiqu'ils soient tous formés d'électrons identiques, il peut exister divers rayons cathodiques, parce que la vitesse n'est pas exactement la même pour tous les électrons; ainsi s'explique qu'on les puisse séparer et que l'on produise une sorte de spectre par l'action de l'aimant ou encore, comme l'a montré M. Deslandres, dans une très intéressante expérience, par l'action d'un champ électrostatique; ainsi s'expliquent encore probablement les phénomènes étudiés par M. Villard et qui ont été signalés plus haut.

§ 2. — LES SUBSTANCES RADIO-ACTIVES

Même dans les conditions ordinaires, certaines substances, les substances dites radio-actives, émettent, en dehors de toute action particulière, des radiations, complexes d'ailleurs, mais qui traversent les couches minérales assez minces, qui impressionnent les plaques photographiques, excitent la fluorescence, ionisent les gaz; dans ces radiations nous retrouvons encore les électrons qui s'échappent ainsi spontanément des corps radio-actifs.

Il n'est point nécessaire de faire ici l'historique de la découverte du radium : tout le monde connaît les admirables recherches de P. Curie et de Mme Curie; à la suite de ces premiers travaux, depuis sept ans, un grand nombre de faits se sont accumulés, au milieu desquels quelques personnes se perdent un peu, il ne sera peut-être pas inutile d'indiquer les résultats essentiels actuellement acquis.

Les recherches sur les substances radio-actives ont leur point de départ dans la découverte des rayons uraniques faite par M. Becquerel en 1896; dès 1867 Niepce de Saint-Victor avait constaté que les sels d'urane impressionnent les plaques photographiques dans l'obscurité, mais, à cette époque, le phénomène ne pouvait passer que pour une singularité attribuable sans doute à la phosphorescence et la précieuse remarque de Niepce était tombée dans l'oubli. M. Becquerel établit, après quelques tâtonnements naturels en face de phénomènes si étranges et qui paraissaient si contraires aux idées reçues, que la propriété radiante était absolument indépendante de la phosphorescence, que tous les sels d'uranium, même les sels uraneux qui ne sont pas phosphorescents, donnent des effets radiants comparables et que ces phénomènes, correspondant à une émission continue d'énergie, ne semblaient pas cependant la conséquence d'un emmagasinement d'énergie sous l'influence d'un rayonnement extérieur. Spontané et constant, le rayonnement était insensible aux variations de température et d'éclairement.

La nature de ces radiations ne fut pas immédiatement comprise (1), leurs propriétés paraissaient

1. Dans son livre sur l'*Évolution de la matière*, M. Gustave Le Bon rappelle qu'en 1897 il publia plusieurs notes à l'Académie des sciences où il affirmait que les propriétés de l'uranium ne sont qu'un cas particulier d'une loi très générale, et que les radiations émises ne se polarisaient pas et se rapprochaient par leurs propriétés des rayons X.

contradictoires parce qu'on n'avait pas affaire à une seule catégorie de rayons, mais parmi tous les effets, il en est un qui peut constituer, pour le rayonnement pris en bloc, un véritable procédé de mesure de la radio-activité : c'est l'action ionisatrice sur les gaz. On recouvrira, par exemple, l'un des plateaux d'un condensateur avec la substance active et l'on mesurera l'intensité du courant de saturation produit dans le gaz qui se trouve entre les armatures.

Une étude très complète de la conductibilité de l'air sous l'influence des rayons uraniques avait été ainsi faite par divers physiciens, particulièrement par M. Rutherford, et cette étude avait montré que les lois du phénomène sont les mêmes que celles de l'ionisation due à l'action des rayons de Röntgen.

Il était naturel de se demander si la propriété découverte dans les sels d'uranium était particulière à ce corps ou si elle n'était pas, à un degré plus ou moins élevé, une propriété générale de la matière. Mme Curie et M. Schmidt firent, d'une façon indépendante, des recherches systématiques pour résoudre la question; divers composés de presque tous les corps simples actuellement connus furent ainsi passés en revue et il fut établi que la radio-activité était particulièrement sensible dans les composés de l'uranium et du thorium, et qu'elle était une propriété atomique liée à la matière qui en est douée, la suivant dans toutes les combinaisons. Au cours de ses études, Mme Curie observa que certaines pechblendes (minerais d'oxyde d'urane renfermant aussi du baryum, du bismuth, etc.), étaient quatre fois plus actives (l'activité étant mesurée par le phénomène d'ionisation de l'air) que l'uranium métallique, or, aucun composé ne renfermant d'autre métal actif que l'uranium ou le thorium n'aurait dû, puisque la propriété appartient à l'atome du métal, se montrer plus énergique que ces métaux eux-mêmes. Il semblait dès lors probable que dans la pechblende devait exister, en petite quantité, une substance, encore inconnue, et plus radio-active que l'uranium.

Curie et Mme Curie entreprirent alors leurs mémorables expériences qui les amenèrent à la découverte du radium ; la méthode de recherche a été comparée avec juste raison, comme originalité et comme importance, aux procédés de l'analyse spectrale. Pour isoler une substance radio-active, on mesure l'activité d'un certain composé où l'on soupçonne que cette substance peut exister, puis on effectue sur ce composé une séparation chimique; on reprend alors tous les produits obtenus, et en mesurant de nouveau leur activité, on se rend compte si la substance recherchée est restée avec l'un de ces produits ou bien si elle s'est partagée entre eux et dans quelle proportion. La réaction spectrale, dont on peut aussi faire usage au cours du travail de séparation, est mille fois moins sensible que l'observation de l'activité au moyen de l'électromètre.

Si le principe sur lequel repose l'opération de la concentration du radium est d'une simplicité admirable, l'application est néanmoins très pénible; il faut traiter des tonnes de résidus d'uranium pour obtenir quelques décigrammes d'un sel pur de radium.

Le radium est caractérisé par un spectre particulier; son poids atomique, déterminé par Mme Curie, est 225, il est par suite l'homologue supérieur du baryum dans une des séries de Mendeleef; les sels de radium ont, en général, les mêmes propriétés chimiques que les sels correspondants du baryum; ils s'en distinguent par des différences de solubilité, qui permettent précisément la séparation, et par leur énorme activité qui est environ cent mille fois plus grande que celle de l'uranium.

Le radium exerce des actions chimiques variées (M. Giesel a, par exemple, démontré que dans une solution contenant du bromure de radium, l'eau se décomposait petit à petit en hydrogène et oxygène)[1] et des actions physiologistes très intenses; ses sels sont lumineux dans l'obscurité mais cette luminosité, d'abord très vive, s'éteint petit à petit quand le sel vieillit; on a affaire à une action secondaire corrélative de la production

1. Sir W. Ramsay et M. Cameron ont, dans une communication retentissante, annoncé que des actions beaucoup plus extraordinaires pouvaient être produites sous l'action des substances radio-actives. Ils ont affirmé que, soumis à l'influence de l'émanation du radium, un sel de cuivre subissait une désintégration qui donnait naissance à des métaux alcalins, particulièrement à du lithium. Ce résultat ne semble pas confirmé par les expériences effectuées par M. Mac Coy, en Amérique, et par Mlle Gleditsch au laboratoire de Mme Curie.

Malgré la grande autorité de l'illustre savant, on doit considérer que Sir W. Ramsay n'a pas encore réussi à démontrer, d'une manière irréfutable, la réalité de cette transmutation qui révolutionnerait toute la chimie.

de l'émanation à la suite de laquelle le radium subit des transformations que l'on étudiera plus loin.

La méthode d'analyse fondée par M. et Mme Curie a permis de découvrir d'autres corps présentant une radio-activité sensible; les métaux alcalins paraissent posséder cette propriété à un faible degré; la neige récemment tombée, les eaux minérales manifestent des actions marquées; d'ailleurs le phénomène peut être dû souvent à une radioactivité induite par des radiations existant déjà dans l'atmosphère. Mais cette radio-activité n'atteint guère la dix-millième partie de celle que présente l'uranium, la dix-millionième de celle qui appartient au radium.

Deux autres corps, le polonium et l'actinium, caractérisés, l'un par la nature spéciale des radiations qu'il émet, l'autre par un spectre particulier, semblent exister aussi dans la pechblende. Les propriétés chimiques de ces corps n'ont pas encore été parfaitement définies; ainsi M. Debierne, qui avait découvert l'actinium, a pu constater la propriété active qui semble lui appartenir, tantôt dans du lanthane, tantôt dans du néodyme. Il est établi que tous les corps extrêmement radio-actifs sont le siège de transformations incessantes, et l'on ne saurait, aujourd'hui encore, préciser avec certitude, les conditions dans lesquelles ils se présentent sous une forme rigoureusement déterminée.

§ 3. — LE RAYONNEMENT DES CORPS RADIO-ACTIFS ET L'ÉMANATION.

Pour acquérir des notions précises sur la nature des rayons émis par les corps radio-actifs, il fallait essayer de faire agir sur eux des forces magnétiques ou électriques pour voir s'ils se comportaient comme la lumière et les rayons X, ou bien si, comme les rayons cathodiques, ils étaient déviés dans un champ ; cette étude a été faite par M. Giesel puis par M. Becquerel, M. Rutherford, et, depuis, par beaucoup d'autres expérimentateurs. On a employé toutes les méthodes, dont le principe a déjà été indiqué, pour rechercher s'ils étaient électrisés et de quel signe, pour mesurer leur vitesse, pour apprécier leur degré de pénétration.

Le résultat général est qu'il y a lieu de distinguer trois sortes de radiations que l'on désigne par les lettres α, β, γ.

Les rayons α sont chargés positivement, ils sont projetés avec une vitesse qui peut atteindre le dixième de la vitesse de la lumière ; M. H. Becquerel est parvenu à montrer, à l'aide de la photographie, qu'ils sont déviés par un aimant et M. Rutherford a étudié, de son côté, par la méthode électrique, cette déviation ; le rapport de la charge à la masse est, pour ces rayons, du même ordre que pour les ions électrolytiques ; on peut donc les considérer comme entièrement analogues aux rayons canaux de Goldstein et les attribuer à un transport matériel de corpuscules atteignant la grandeur des atomes. La grosseur, relativement considérable, de ces corpuscules les rend très absorbables : un trajet de quelques millimètres dans un gaz suffit pour réduire leur nombre à moitié. Ils ont une grande puissance ionisante.

Les rayons β sont de tout point comparables aux rayons cathodiques ; ils sont, comme l'ont montré M. et Mme Curie, chargés négativement et la charge qu'ils emportent est toujours la même, leur grosseur est celle des électrons. Leur vitesse est généralement plus grande que celle des rayons cathodiques, elle peut être voisine de celle de la lumière; ils sont environ cent fois moins ionisants que les rayons α.

Les rayons γ ont été découverts par M. Villard; on peut les assimiler aux rayons X, comme eux ils ne sont pas déviés par le champ magnétique, et, comme eux aussi, ils sont extrêmement pénétrants; une lame d'aluminium de 5 millimètres arrêtera tous les autres mais les laissera passer, en revanche leur puissance ionisante est 10,000 fois moindre que celle des rayons α.

A ces radiations viennent parfois, dans les expériences, s'ajouter des radiations secondaires analogues à celles de M. Sagnac, produites lorsque les premières viennent à rencontrer différentes substances; cette complication a souvent entraîné quelques erreurs d'observation.

La phosphorescence et la fluorescence semblent résulter surtout de l'action des rayons α et β, particulièrement des rayons α, à qui appartient la part la plus importante de l'énergie totale de la radiation. Sir W. Crookes a imaginé un curieux petit appareil, le spinthariscope, qui permet d'examiner la phosphorescence de la blende excitée par ces rayons. On observe, au moyen d'une loupe, un écran recouvert de sulfure de zinc devant lequel est disposé, à un demi-millimètre environ de distance, un fragment de sel de radium. On aperçoit ainsi de multiples points brillants qui apparaissent çà et là sur l'écran pour disparaître aussitôt, donnant un effet de scintillation. Il paraît vraisemblable que chaque particule tombant sur l'écran produit, par son choc, un ébranlement sur la région voisine, et c'est cet ébranlement que l'œil perçoit comme un point lumineux; ainsi, dit Sir W. Crookes, chaque goutte de pluie tombant sur la surface d'une eau tranquille n'est pas perçue en tant que goutte d'eau, mais en raison de la légère éclaboussure qu'elle cause au moment du choc et qui se traduit par des rides et des vagues s'élargissant en cercles.

Les diverses substances radio-actives ne donnent pas naissance à des rayonnements de constitution identique : le radium et le thorium possèdent en assez grandes proportions les trois genres de rayon, de même l'actinium; le polonium émet surtout des rayons α et quelques rayons γ; pour l'uranium les rayons α sont extrêmement peu pénétrants et ne peuvent plus même impressionner les plaques photographiques.

M. et Mme Curie découvrirent, dès 1899, que toute substance placée dans le voisinage du radium acquiert elle-même une radio-activité qui peut persister pendant plusieurs heures après l'éloignement du radium; cette radio-activité induite semble transportée du radium aux autres corps par l'intermédiaire d'un gaz, elle contourne les obstacles mais il faut qu'il existe, entre le radium et la substance, un espace libre, continu, pour que l'activation se puisse produire; elle ne saurait, par exemple, se faire à travers une paroi de verre.

Dans le cas des composés de thorium, M. Rutherford découvrit un phénomène semblable; depuis lors, divers physiciens, M. Soddy, M. Traubenberg, Miss Brooks, Miss Gates, M. Danne, etc., ont étudié les propriétés de ces émanations qui se comportent comme un gaz inerte, très raréfié et très subtil.

On ne peut peser la substance émanée ni en connaître la force élastique, mais on peut la suivre dans ses transformations, parce qu'elle est lumineuse, et la caractériser plus sûrement encore par sa propriété essentielle, par sa radio-activité ; on voit ainsi qu'on peut la transvaser comme on ferait d'un gaz, qu'elle se partage entre deux tubes de capacité différente, en obéissant à la loi de Mariotte, qu'elle peut se condenser dans un tube refroidi, conformément au principe de Watt, qu'elle obéit de même à la loi de Gay-Lussac.

L'activité de l'émanation disparaît assez vite : en quatre jours elle est devenue la moitié de ce qu'elle était au début. Si l'on chauffe un sel de radium, l'émanation est rendue plus abondante; le résidu, qui n'a d'ailleurs pas diminué de poids d'une façon sensible, a perdu presque toute sa radio-activité, et ne la recouvre que petit à petit.

M. Rutherford, malgré les essais les plus variés, n'a pu engager l'émanation dans aucune réaction chimique; si c'est un corps gazeux, ce corps doit être de la famille de l'argon, et, comme lui, absolument inerte.

En étudiant le spectre du gaz dégagé par une dissolution d'un sel de radium, Sir W. Ramsay et M. Soddy ont remarqué que l'on obtenait d'abord, quand le gaz est radio-actif, les raies des gaz de la famille de l'argon, puis, au fur et à mesure que l'activité disparaissait, le spectre changeait lentement et finissait par présenter l'aspect caractéristique de l'hélium.

On sait que l'existence de ce gaz a d'abord été décelée par l'analyse spectrale dans le soleil, puis sa présence a été constatée dans notre atmosphère et dans quelques minéraux qui se trouvent être ceux-là mêmes dont on a retiré le radium. Il se pourrait donc qu'il préexistât dans les gaz extraits du radium ; une expérience remarquable de MM. Curie et Dewar semble cependant démontrer d'une façon probante qu'il n'en peut être ainsi : le spectre de l'hélium n'apparaît jamais au début dans le gaz provenant du bromure de radium pur, il se montre au contraire très nettement, à la suite des transformations radio-actives que ce sel subit.

Tous ces phénomènes étranges suggèrent des hypothèses audacieuses, mais pour les construire avec quelque solidité, ces hypothèses, il les faut étayer par le plus grand nombre de faits possible. Avant d'admettre une explication définitive des phénomènes qui ont leur siège dans les substances si curieuses qu'ils ont découvertes, M. et Mme Curie ont pensé avec beaucoup de raison qu'ils devaient d'abord enrichir nos connaissances, relativement à ces corps et aux effets produits par les radiations qu'ils émettent, de données exactes et précises.

C'est ainsi que P. Curie s'est particulièrement attaché à étudier la manière dont se dissipe la radio-activité de l'émanation et celle que cette émanation peut induire sur tous les corps.

L'étude de ces questions était l'objet des travaux de l'admirable physicien, lorsqu'un cruel accident, à jamais regrettable, est venu enlever à la science l'un de ses plus nobles représentants ; mais, déjà, son pénétrant génie était parvenu à des résultats fort importants.

La radio-activité de l'émanation diminue suivant une loi exponentielle ; la constante de temps qui caractérise cette diminution se termine facilement et avec précision. elle a une valeur très fixe, indépendante des conditions de l'expérience, indépendante aussi de la nature du gaz qui est maintenu en contact avec le radium et qui se charge de cette émanation ; la régularité du phénomène est si grande, qu'il pourrait, nous l'avons déjà dit, servir à mesurer le temps : en 3.985 secondes, l'activité est toujours réduite de moitié.

La radio-activité induite sur un corps, qui a été mis longtemps en présence d'un sel de radium, disparaît plus rapidement ; le phénomène semble d'ailleurs plus complexe, la formule qui exprime la façon dont l'activité diminuera doit renfermer deux exponentielles ; pour la retrouver théoriquement, il faut imaginer que l'émanation dépose sur le corps une première substance qui se détruit en donnant naissance à une seconde, cette seconde disparaissant à son tour en engendrant une troisième. La substance initiale et la finale seraient radio-actives, la substance intermédiaire ne le serait pas.

Si l'on porte d'ailleurs les corps activés à une température supérieure à 700°, il semble bien qu'ils perdent par volatilisation des substances qui y étaient condensées et en même temps leur activité disparaît.

Les autres corps radio-actifs ne se comportent pas d'une façon tout à fait semblable ; les corps qui renferment l'actinium sont particulièrement riches en émanations; l'uranium au contraire ne semble pas en posséder. Ce corps néanmoins est le siège de transformations comparables à celles que l'étude de l'émanation révèle dans le radium; Sir W. Crookes a séparé de l'uranium une matière que l'on appelle aujourd'hui l'uranium X, cette matière est d'abord beaucoup plus active, mais son activité diminue rapidement, tandis que l'uranium ordinaire qui, lors de la séparation, avait perdu son activité, la recouvre avec le temps; de même, MM. Rutherford et Soddy ont découvert un thorium X par l'intermédiaire duquel le thorium ordinaire devrait passer pour produire son émanation et M. Giesel a décrit un actinium X jouant un rôle semblable entre l'actinium et son émanation.

Il n'est pas possible de donner un tableau complet qui représenterait, en quelque sorte, l'arbre généalogique des diverses substances radio-actives; divers auteurs ont déjà cherché à le faire, mais d'une façon prématurée; toutes les filiations ne sont pas aujourd'hui encore parfaitement connues et l'on reconnaîtra sans doute un jour que l'on a parfois décrit, sous des noms différents, des états identiques.

Disons seulement qu'à partir du radium, d'après l'opinion généralement admise aujourd'hui, huit transformations successives peuvent s'effectuer, dont cinq sont accompagnées d'expulsion de particules α, constituant probablement de l'hélium.

Le radium proviendrait d'ailleurs lui-même de l'uranium par l'intermédiaire de l'actinium. Le polonium serait le radium F; il n'engendrerait plus lui-même aucun corps transformable et son aboutissement définitif serait peut-être le plomb.

§ 4. — LA DÉSAGRÉGATION DE LA MATIÈRE ET L'ÉNERGIE ATOMIQUE.

Malgré des incertitudes qui ne sont pas encore toutes dissipées, l'on ne saurait cependant nier que les expériences les plus récentes rendent de plus en plus vraisemblable cette idée qu'on assiste chez les corps radio-actifs à de véritables transformations de la matière.

M. Rutherford, M. Soddy et plusieurs autres physiciens arrivent à se représenter les phénomènes de la façon suivante : un corps radio-actif est formé d'atomes peu stables, pouvant se détacher spontanément de la substance, en même temps d'ailleurs qu'ils se divisent eux-mêmes en leurs deux parties constitutives essentielles, l'électron négatif et le reste, l'ion positif; les premières constituent les rayons β, les seconds les rayons α.

L'émanation est sans doute composée d'ions α ayant aggloméré quelques molécules autour d'eux, M. Rutherford a en effet démontré que l'émanation était chargée d'électricité positive ; cette émanation peut, à son tour, se détruire, en donnant naissance à de nouveaux corps.

Après le départ des atomes, enlevés par le rayonnement, le corps qui reste acquiert de nouvelles propriétés; il peut cependant être encore radioactif et perdre ainsi de nouveaux atomes.

Les diverses stades que l'on rencontre dans l'évolution de la substance radio-active ou de son émanation correspondent aux divers degrés de la désagrégation atomique. MM. Rutherford et Soddy les ont décrits avec netteté dans le cas de l'uranium et du radium; pour le thorium les résultats sont moins satisfaisants. L'évolution se continuera jusqu'à ce que soit atteinte finalement une condition atomique stable, qui, parce qu'elle sera stable, ne sera plus radio-active.

Il est possible, par des considérations analogues à celles qui ont déjà été exposées dans d'autres cas, de se faire une idée du nombre total des particules expulsées par 1 gramme de radium par seconde; M. Rutherford trouve, dans ses évaluations les plus récentes, que ce nombre serait voisin de $2,5 \times 10^{11}$, en calculant le nombre d'atomes que possède vraisemblablement ce gramme de radium, d'après la valeur du poids atomique, et en supposant que chaque particule libérée correspond à la destruction d'un atome, on trouve que la moitié du radium devrait disparaître en 1,280 ans; on conçoit dès lors qu'il n'ait pas encore été possible de mettre en évidence des pertes de poids sensibles (1).

Sir W. Ramsay et M. Soddy étaient arrivés à un résultat semblable, en cherchant à évaluer la masse de l'émanation par la quantité d'hélium produite.

Si le radium se transforme ainsi de telle façon que son activité ne persiste pas à travers les âges, il perd, petit à petit, la provision d'énergie qu'il avait au début et ses propriétés ne fourniront aucun argument valable que l'on puisse opposer au principe de la conservation de l'énergie. Pour tout faire rentrer dans l'ordre, il suffit d'admettre que le radium possédait, à l'état potentiel, lors-

1. La durée de la vie de l'uranium serait de l'ordre de 5×10^9 années et celle du thorium de 10^{10} années.

qu'il a été préparé, une quantité d'énergie finie, qui se dissipe petit à petit : ainsi un système chimique composé par exemple de zinc et d'acide sulfurique renferme lui aussi, à l'état potentiel, de l'énergie qui, si l'on ralentit la réaction par quelque dispositif convenable, en amalgamant par exemple le zinc et en constituant avec les éléments une pile que l'on fera travailler sur une grande résistance, s'épuisera avec une lenteur aussi grande que l'on voudra.

On ne saurait donc, en aucune façon, être surpris de voir une combinaison qui, comme la combinaison atomique du radium, n'est pas stable, puisqu'elle se désagrège et se consume sans cesse, capable de libérer spontanément de l'énergie, mais ce qui peut étonner un peu au premier abord, c'est la valeur considérable de cette énergie.

P. Curie a évalué directement, à l'aide du calorimètre, la quantité d'énergie libérée en la mesurant tout entière sous forme de chaleur; le dégagement de chaleur rapporté à un gramme de radium métallique est uniforme et atteint 100 calories par heure. Il faut, par suite, admettre qu'un atome de radium, en se désagrégeant, libère 30,000 fois plus d'énergie qu'une molécule d'hydrogène n'en dégage en se combinant avec un atome d'oxygène pour donner une molécule d'eau.

On peut se demander comment l'édifice atomique du corps actif peut être construit pour contenir une si grande provision d'énergie ; remarquons que pareille question pourrait se poser dans des cas connus de toute antiquité, comme celui des systèmes chimiques, et que jamais une réponse satisfaisante n'a pu être donnée, cet insuccès ne surprend personne parce que l'on s'habitue à tout, même à la défaite.

Lorsqu'il s'agit d'un problème nouveau, on n'est vraiment pas en droit de se montrer plus exigeant et cependant il se trouve des personnes qui refusent d'admettre l'hypothèse de la désagrégation atomique du radium parce que l'on ne peut leur présenter un plan complet de cet ensemble complexe qu'est un atome.

L'idée la plus naturelle est peut-être celle qui est suggérée par la comparaison avec les phénomènes astronomiques où nos observations nous font le mieux connaître les lois du mouvement; elle correspond aussi à la tendance qu'a toujours eu l'esprit de l'homme, de rapprocher l'infiniment petit de l'infiniment grand. On envisagera l'atome comme une sorte de système solaire; autour du soleil formé par l'ion positif gravitent, en nombre considérable, les électrons; il peut se faire que certains de ces électrons ne soient plus retenus dans leur orbite par l'attraction électrique du reste de l'atome et soient projetés en dehors, telle une petite planète ou une comète qui s'échappe vers les espaces stellaires; les phénomènes de l'émission de la lumière nous obligent à penser que les corpuscules tournent autour du noyau avec des vitesses extrêmes, qu'ils effectuent des millions de milliards de révolutions par seconde, on conçoit dès lors que, malgré sa légèreté, un atome ainsi constitué puisse posséder une énergie énorme.

D'autres auteurs imaginent que l'énergie des corpuscules est due principalement à des rotations extrêmement rapides de ces éléments sur eux-mêmes. Lord Kelvin a dressé, sur un autre modèle, le plan d'un atome radio-actif capable de chasser un électron avec une force vive considérable; il suppose un atome sphérique formé de couches concentriques d'électricité positive et négative disposées de manière que l'action extérieure soit nulle et que, néanmoins, la force émanée du centre soit répulsive pour certaines valeurs quand l'électron est à l'intérieur.

Les physiciens les plus prudents et les plus respectueux des principes établis peuvent, sans aucun scrupule, admettre l'explication de la radio-activité du radium par une dislocation de son édifice moléculaire; la matière dont il est constitué évolue, d'un état initial donné, instable, elle marche vers un autre état stable; c'est, en quelque sorte, une transformation allotropique lente qui s'effectue par un mécanisme au sujet duquel nous avons, en somme, plus de renseignements que pour d'autres transformations analogues ; le seul étonnement que nous puissions ressentir vient, précisément, de la pensée que nous pénétrons ainsi brusquement et profondément dans le fond même des choses.

Mais ceux qui ont un peu plus d'audace ne résistent pas facilement à la tentation de faire des généralisations hardies; on peut imaginer que cette propriété, découverte déjà chez beaucoup de substances où elle existe à des degrés plus ou moins marqués, est, avec des différences d'intensité, commune à tous les corps et que l'on se trouve ainsi en présence d'un phénomène dérivant d'une qualité essentielle de la matière. Tout récemment M. Rutherford (1) a démontré, dans une belle série

1. Curie avait déjà observé que l'action ionisante s'arrête brusquement à une distance déterminée de la source.

d'expériences, que les particules α du radium cessent d'ioniser les gaz lorsqu'on leur fait perdre leur vitesse, elles sont arrivées, comme dit M. Rutherford, à la fin de leur carrière, mais elles n'en existent pas moins cependant. Il se pourrait, par suite, que beaucoup de corps émissent des particules semblables sans que l'on s'en aperçût aisément, puisque l'action électrique, par laquelle on manifeste d'ordinaire ce phénomène de la radioactivité, serait, dans ce cas, devenu très faible.

Si l'on croit ainsi que la radio-activité est un phénomène absolument général, l'on se trouve en face d'un nouveau problème : on ne pourra plus assimiler les transformations des corps radioactifs à des transformations allotropiques, puisque jamais aucune forme définitive ne pourra être atteinte et que la désagrégation se continuera indéfiniment jusqu'à la dislocation complète de l'atome; le phénomène peut, il est vrai, avoir une durée qui se chiffrera peut-être par des milliards de siècles, mais cette durée, qui n'est qu'un instant dans l'infini du temps, importe peu; nos habitudes d'esprit n'en seront pas moins, si nous adoptons une telle conception, très profondément troublées : il nous faudra abandonner cette idée, à laquelle nous étions instinctivement attachés, que la matière ordinaire est ce qu'il y a de plus stable dans l'Univers et nous devrons, au contraire, admettre qu'un corps quelconque est une sorte d'explosif qui se décompose avec une grande lenteur. Il n'y a là, quoi que l'on ait pu dire, rien de contraire à aucun des principes sur lesquels repose l'énergétique ; mais une telle hypothèse entraîne des conséquences qui doivent au plus haut point intéresser le philosophe, on sait avec quelle ardeur entraînante et quelle éloquente hardiesse M. Gustave Le Bon a développé toutes ces conséquences dans son livre sur l'évolution de la matière.

Il n'est plus guère de physicien qui n'adopte aujourd'hui, sous une forme ou sous une autre, l'hypothèse balistique; tous les faits nouveaux viennent, grâce à elle, si heureusement se coordonner, qu'elle satisfait de plus en plus notre esprit, on ne saurait toutefois affirmer qu'elle s'impose d'une façon absolue.

Une autre manière de voir semblait même, au début, lorsque l'on pouvait croire inépuisable l'énergie rayonnée par les corps radio-actifs, plus dlausible et plus simple : on pouvait croire que la source de cette énergie était à l'extérieur de ces corps, et cette idée peut encore parfaitement se soutenir aujourd'hui.

Le radium serait alors considéré comme un transformateur empruntant de l'énergie au milieu extérieur et la restituant sous forme de radiation. Il n'est même pas impossible d'admettre que l'énergie, que l'atome de radium soutirerait au milieu qui l'environne, servirait à entretenir non seulement la chaleur qui se dégage et son rayonnement complexe, mais même la dissociation supposée endothermique de cet atome. Telle paraît être l'idée de M. Debierne et aussi celle de M. Sagnac. Il ne semble pas, d'après l'expérience, que l'énergie empruntée puisse être une partie de la chaleur du milieu ambiant; aussi bien un tel phénomène serait contraire au principe de Carnot, si l'on veut (nous avons vu d'ailleurs combien cette extension est contestable) étendre ce principe aux phénomènes qui se produisent dans le sein même des atomes.

On peut s'adresser aussi à une forme plus noble de l'énergie et se demander si l'on n'est pas, pour la première fois, en présence d'une transformation de l'énergie gravifique. Il peut être singulier, mais il n'est pas absurde, de supposer que l'unité de masse du radium n'est pas attirée vers la terre avec la même intensité qu'un corps inerte ; M. Sagnac a entrepris des expériences curieuses pour étudier les lois de la chute d'un morceau de radium, elles sont fort délicates et ce très adroit et très ingénieux physicien n'a pu encore les achever[1]; supposons qu'il parvienne à démontrer que l'intensité de la pesanteur est plus petite pour le radium que pour le platine ou le cuivre, avec lequel on fait d'ordinaire les pendules qui servent à vérifier la loi de Newton, il serait loisible de continuer à penser que les lois de l'attraction universelle sont parfaitement exactes pour les astres, que la pesanteur est bien un cas particulier de l'attraction universelle, mais que cependant, dans le cas des corps radio-actifs, une partie de l'énergie gravifique se transforme quand elle évolue et apparaît sous la forme du rayonnement actif.

Mais cette explication aurait évidemment besoin, pour être admise, d'être appuyée sur de très nom-

1. En réalité M. Sagnac opérait d'une façon inverse : il prenait deux *poids* égaux d'un sel de radium et d'un sel de baryum, qu'il faisait osciller successivement dans une balance de torsion. Si les durées d'oscillation étaient différentes, on devrait conclure que les masses mécaniques ne sont pas les mêmes pour le radium et pour le baryum.

breux faits; il paraîtrait sans doute encore plus vraisemblable que l'énergie empruntée par le radium au milieu extérieur est quelqu'une de celles qui sont encore inconnues, parce qu'elles n'agissent pas sur nos sens, mais dont un vague instinct nous fait soupçonner l'existence autour de nous. Il est incontestable, d'ailleurs, que des radiations actives sillonnent de toutes parts l'atmosphère; celles du radium pourraient être des radiations secondaires renvoyées par une sorte de phénomène de résonnance.

Des expériences de MM. Elster et Guitel ne sont pas cependant favorables à cette manière de voir. Si l'on entoure un corps actif par une enceinte radio-active, on devrait former un écran qui empêcherait ce corps de recevoir l'impression de l'extérieur, et, cependant, on n'aperçoit aucune diminution dans l'activité que présente une certaine quantité de radium lorsqu'on s'enfonce, à une profondeur de 800 mètres au-dessous du sol, dans une région renfermant une quantité notable de pechblende. Ces résultats négatifs sont, en revanche, autant de succès pour les partisans de l'explication de la radio-activité par l'énergie atomique.

CHAPITRE X

L'Éther et la Matière.

§ 1. — RELATIONS ENTRE L'ÉTHER ET LA MATIÈRE

Depuis longtemps, l'ambition plus ou moins avouée de la plupart des physiciens a été de construire avec la particule d'éther toutes les formes possibles de l'existence corporelle ; mais nos connaissances sur la nature intime des choses paraissaient trop limitées pour qu'il fut possible de tenter avec chance de succès pareille entreprise. L'hypothèse des électrons, qui a fourni une image satisfaisante des phénomènes les plus curieux qui se produisent au sein de la matière, conduit aussi à une théorie électro-magnétique de l'éther plus complète que celle de Maxwell et ce double résultat fait naître l'espoir d'arriver, grâce à cette hypothèse, à une coordination complète du monde physique.

Les phénomènes, dont l'étude peut nous amener au seuil même du problème, sont ceux où apparaissent nettement, et d'une façon relativement simple, les connexions qui existent entre la matière et l'éther.

Ainsi dans les phénomènes d'émission, on voit la matière pondérable donner naissance à des ondes qui se transmettent dans l'éther; dans les phénomènes d'absorption, on constate que ces ondes disparaissent en provoquant des modifications à l'intérieur des corps matériels qui les reçoivent, on saisit ici sur le vif des actions et des réactions réciproques de l'éther et de la matière, si l'on pouvait connaître complètement ces actions, l'on serait sans doute en mesure de combler le fossé qui sépare les deux régions que la physique a séparément conquises.

Dans ces dernières années, de nombreuses recherches ont fourni de précieux matériaux qui doivent être utilisés par ceux qui cherchent à construire une théorie du rayonnement; on est peut-être encore mal renseigné sur les phénomènes de la luminescence où les ondulations se produisent d'une façon complexe, comme dans le cas d'un bâton de phosphore humide lumineux dans l'obscurité ou bien encore dans le cas d'un écran fluorescent, mais on connaît très bien l'émission et l'absorption par incandescence où la seule transformation qui se produise est celle de l'énergie calorifique en énergie rayonnée ou réciproquement. C'est dans ce cas seulement que s'applique correctement la célèbre démonstration par laquelle Kirchhoff établit, au moyen de considérations empruntées à la thermodynamique, la proportionnalité entre le pouvoir émissif et le pouvoir absorbant.

A propos de la mesure des températures, nous avons déjà signalé les travaux expérimentaux de MM. Lummer et Pringsheim et les recherches théoriques de Stephan et de M. Wien; on peut considérer que l'on connaît aujourd'hui assez bien les lois du rayonnement du corps noir, en particulier la façon dont chaque radiation élémentaire croît avec la température ; cependant, quelques doutes subsistent au sujet de la loi de la répartition de l'énergie dans le spectre. Pour les corps solides réels, les résultats sont naturellement moins simples que pour le corps noir. Un côté de la question a été particulièrement étudié à cause de son haut intérêt pratique : le rapport de l'énergie lumineuse à l'énergie totale rayonnée par un corps, varie avec la nature de ce corps, la connaissance des conditions dans lesquelles ce rapport devient le plus considérable a conduit à la découverte de l'incandescence par le gaz dans les becs Auer, et à la substitution au filament de charbon dans les ampoules électriques, d'un filament d'osmium ou d'un petit bâtonnet de magnésie, comme dans la lampe Nernst [1]. Des mesures soignées, effectuées par M. Fery, et de récentes et très remarquables expériences de M. Rubens ont fourni, en particulier, des renseignements importants sur le rayonnement des oxydes blancs.

De même que, pour connaître la constitution de la matière, on a tout d'abord songé à s'adresser aux gaz qui apparaissent comme des édifices moléculaires bâtis sur un plan plus simple et plus uniforme que les solides, on doit tout naturellement penser qu'un examen des conditions dans lesquelles se produisent l'émission et l'absorption

1. Je me permets de renvoyer le lecteur désireux d'avoir des détails sur ces sujets au chapitre que j'ai consacré à la question de l'éclairage dans mon livre : *L'Électricité*.

par les corps gazeux pourrait être éminemment profitable et révéler peut-être le mécanisme par lequel s'établissent les relations entre la molécule d'éther et la molécule matérielle.

Malheureusement, si un gaz n'est pas absolument incapable d'émettre par simple échauffement des radiations quelconques, le rayonnement ainsi produit, à cause sans doute de la faiblesse des masses intéressées, garde toujours une médiocre intensité ; dans presque toutes les expériences de nouvelles énergies d'origine chimique ou électrique entrent en jeu. A l'incandescence se superpose la luminescence ; le bénéfice que l'on pouvait attendre de la simplicité du milieu disparaît à cause de la complication des circonstances dans lesquelles se produit le phénomène.

M. Pringsheim est parvenu, en certains cas, à faire le départ entre le phénomène de la luminescence et le phénomène d'incandescence, ainsi le premier prend une importance prédominante quand le gaz est rendu lumineux par des décharges électriques, les transformations chimiques jouent surtout un rôle prépondérant dans l'émission des spectres des flammes qui contiennent une vapeur saline ; dans toutes les expériences ordinaires d'analyse spectrale, on ne saurait donc considérer comme établies les lois de Kirchhoff et cependant la relation entre l'émission et l'absorption se vérifie généralement assez bien. Sans doute, on se trouve en présence d'une sorte de phénomène de résonance, les atomes gazeux entrant en vibration lorsqu'ils sont sollicités de la part de l'éther par un mouvement identique à celui qu'ils sont capables de lui communiquer.

Si, malgré de remarquables travaux récents comme ceux de M. Stark et de M. Jean Becquerel, l'on n'est pas encore très avancé dans l'étude du mécanisme de la production du spectre, on connaît, en revanche, très bien la constitution de ce spectre. La confusion extrême que semblaient présenter les spectres de lignes des gaz ou des vapeurs est aujourd'hui, en grande partie au moins, débrouillée. Déjà Balmer avait donné, dans le cas du spectre de l'hydrogène, une formule empirique qui a permis de représenter les raies découvertes beaucoup plus tard, par un éminent astronome, M. Deslandres, mais depuis lors, soit qu'il s'agisse des spectres de lignes, soit des spectres de bandes, les travaux de M. Rydberg, de M. Deslandres, de MM. Kayser et Runge, de M. Thiele, ont permis de connaître, d'une façon très précise et dans les moindres détails, les lois de répartition des lignes et des bandes.

Ces lois sont simples, mais assez singulières, les radiations émises par un gaz ne sauraient être comparées aux notes auxquelles donne naissance un corps sonore, ni même aux vibrations les plus compliquées d'un corps élastique quelconque; le nombre des vibrations des différentes raies ne sont pas les multiples successifs d'un même nombre, on n'a pas affaire à une radiation fondamentale et à ses harmoniques, et, différence essentielle, le nombre des vibrations des radiations tend vers une limite lorsque la période diminue indéfiniment, au lieu de croître constamment comme il arriverait pour des vibrations sonores.

Ainsi, entre la vibration lumineuse et la vibration élastique, l'assimilation n'est pas correcte;

une fois de plus, nous trouvons que l'éther ne se comporte pas comme la matière qui obéit aux lois ordinaires de la mécanique, et toute théorie devra tenir grand compte de ces curieuses particularités révélées par l'expérience.

Une autre différence, bien importante également, entre les vibrations lumineuses et les vibrations sonores, qui indique, elle aussi, combien peu doivent être analogues les constitutions des milieux qui transmettent les vibrations, apparaît dans les phénomènes de dispersion : la vitesse de propagation qui, nous l'avons vu à propos de la mesure de la vitesse du son, dépend peu de la note musicale, n'est plus du tout la même pour les diverses radiations qui se peuvent propager dans une même substance; l'indice de réfraction est variable avec la durée de la période, ou, si l'on préfère, avec la longueur d'onde dans le vide qui est proportionnelle à cette durée puisque dans le vide la vitesse de propagation est bien la même pour toutes les vibrations.

Cauchy, le premier, proposa une théorie sur laquelle sont venus se mouler d'autres essais, par exemple la théorie fort intéressante et plus simple de Briot; ce dernier supposait que la vibration lumineuse ne peut sensiblement entraîner la molécule matérielle du milieu au travers duquel elle se propage, mais que la matière réagit néanmoins sur l'éther, avec une intensité proportionnelle à l'élongation, de façon à tendre à le ramener dans sa position d'équilibre; avec cette hypothèse simple on interprète assez bien les phénomènes de la dispersion de la lumière pour le cas des substances transparentes, mais assez mal, comme l'a reconnu M. Carvallo dans des expériences extrêmement soignées, la dispersion du spectre infra-rouge, et en aucune façon, les particularités que présentent les substances absorbantes.

M. Boussinesq arrive à des résultats, à peu près semblables, en attribuant au contraire la dispersion à l'entraînement partiel de la matière pondérable et à son action sur l'éther; en combinant en quelque sorte, comme l'a fait par la suite M. Boussinesq, les deux hypothèses, on arrive à établir des formules qui sont beaucoup mieux en accord avec tous les faits connus.

Ces faits sont assez complexes; on avait cru tout d'abord que l'indice variait toujours en sens inverse de la longueur d'onde, mais on a découvert de nombreuses substances présentant le phénomène de la dispersion anormale, c'est-à-dire des substances où certaines radiations se propagent, au contraire, d'autant plus vite que la période est plus courte; il en est ainsi pour les gaz eux-mêmes, comme le montre par exemple une très élégante expérience de M. Becquerel sur la dispersion de la vapeur de sodium. D'ailleurs, il peut se faire que l'on rencontre d'autres complications encore, aucune substance n'est transparente dans toute l'étendue du spectre : pour certaines radiations, la vitesse de propagation deviendra nulle et l'indice présentera parfois des maxima, parfois des minima. Tous ces phénomènes sont en relation étroite avec les phénomènes d'absorption.

C'est peut-être la formule proposée par Helmholtz qui rend le mieux compte de toutes ces particularités; Helmholtz arrivait à établir cette formule, en supposant qu'il s'exerce entre l'éther et la matière une sorte de frottement, qui, de même qu'un frottement s'exerçant sur un pendule, produit ici un double effet, en changeant, d'une part, la durée d'oscillation, en amortissant, d'autre part, cette oscillation; il supposait en outre que la matière pondérable subit des forces élastiques. La théorie d'Helmholtz a le grand avantage de représenter, non seulement les phénomènes de dispersion, mais encore, comme l'a montré M. Carvallo, les lois de la polarisation rotatoire, sa dispersion et d'autres phénomènes encore, entre autres le dichroïsme des milieux rotatoires découverts par M. Cotton.

Dans l'établissement de ces théories, on a toujours employé le langage de l'optique ordinaire; on envisage les phénomènes comme dus à des déformations mécaniques, à des mouvements commandés par certaines forces; la théorie électro-magnétique conduit à employer, nous l'avons vu, d'autres images, M. H. Poincaré, puis Helmholtz ont proposé des théories électro-magnétiques de la dispersion. Si l'on examine les choses de près, on trouve qu'il n'y a pas, à vrai dire, dans les deux façons d'envisager le problème, deux traductions équivalentes de la réalité extérieure. La théorie électrique conduit beaucoup mieux que la théorie mécanique à comprendre que, dans le vide, la dispersion doit être rigoureusement nulle, et cette absence de dispersion paraît confirmée avec une extraordinaire précision par les observations astronomiques.

Ainsi, l'observation répétée maintes fois, et à différentes époques de l'année, prouve que, pour l'étoile Algol, dont la lumière met au moins quatre ans pour nous parvenir, aucune différence de coloration sensible n'accompagne les changements d'éclat.

§ 2. — LA THÉORIE DE LORENTZ

Les considérations purement mécaniques n'ont donc pas permis d'interpréter, d'une façon entièrement satisfaisante, les phénomènes où apparaissent les relations, même les plus simples, entre la matière et l'éther; elles seraient évidemment plus insuffisantes encore s'il s'agissait d'expliquer certains effets que produit la lumière sur la matière et qui ne sauraient, sans des difficultés très graves, se ramener à des mouvements, par exemple, les phénomènes d'électrisation sous l'influence de certaines radiations, ou encore les actions chimiques, comme l'impression photographique.

Il fallait songer à aborder le problème par une autre voie; la théorie électro-magnétique fut un progrès, mais elle aussi s'arrête, en quelque sorte, au moment où l'éther pénètre dans la matière; si l'on veut aller plus profondément dans l'intimité des phénomènes, on doit suivre, par exemple, M. Lorentz ou M. Larmor et chercher avec eux un mode de représentation qui apparaît, d'ailleurs, comme une conséquence naturelle des idées fondamentales qui sont à la base des expériences de Hertz.

Du moment où l'on voit, dans l'onde d'éther, une onde électro-magnétique, une molécule qui émet de la lumière doit être considérée comme une sorte d'excitateur. On est ainsi amené à supposer que, dans chaque molécule rayonnante, se trouvent une ou plusieurs particules électrisées, animées d'un mouvement de va-et-vient autour de leurs positions d'équilibre, et ces particules, sans doute, seront identiques à ces électrons, dont, pour tant d'autres raisons, nous avons déjà admis l'existence.

Dans la théorie la plus simple, on envisagera un électron qui peut être déplacé de sa position d'équilibre dans tous les sens, et qui, dans son déplacement, est soumis à des attractions qui lui communiquent une vibration pendulaire. Ces mouvements équivalent à des petits courants, l'électron mobile, animé d'une vitesse considérable, doit être sensible à l'action de l'aimant qui pourra modifier la forme de la trajectoire et la valeur de la période. Cette conséquence, presque immédiate, fut aperçue par Lorentz, elle conduit à cette idée tout à fait neuve que les radiations émises par un corps doivent se modifier sous l'action d'un fort électro-aimant.

L'expérience a permis de vérifier cette prévision; elle fut faite, on le sait, dès 1896, par Zeeman. La découverte produisit une légitime sensation : quand une flamme est soumise à l'action d'un champ magnétique, une raie brillante se décompose, dans des conditions plus ou moins complexes, mais qu'une étude attentive permet de préciser. Suivant que l'observation se fait dans un plan normal au champ magnétique ou, au contraire, dans la direction même du champ, la raie se transforme en un triplet ou en un doublet, et les raies nouvelles sont polarisées rectilignement ou circulairement.

Ce sont précisément les phénomènes que le calcul fait prévoir très exactement; l'analyse des modifications subies par la lumière fournit d'ailleurs de précieux renseignements sur l'électron lui-même : d'après le sens des vibrations circulaires dont la fréquence est la plus grande, on peut déterminer le signe de la charge électrique en mouvement, et on trouve qu'elle est bien négative ; mais il y a plus, d'après la variation de la période, on peut calculer le rapport de la force qui agit sur l'électron à sa masse matérielle et, par suite, le rapport de la charge à la masse. On retrouve ainsi précisément pour ce rapport cette valeur que, tant de fois déjà, nous avons rencontrée [1]. Une pareille coïncidence ne saurait être fortuite, et l'on est fondé à croire que l'électron, révélé par l'onde lumineuse qui en émane, est bien le même que celui que l'étude des rayons cathodiques et des substances radio-actives nous a déjà fait connaître.

Toutefois, la théorie élémentaire ne suffit pas pour interpréter les complications que les expériences ultérieures ont révélées. Les physiciens les plus qualifiés pour faire des mesures dans ces délicates questions d'optique, M. Cornu, M. Preston, M. Cotton, MM. Becquerel et Deslandres, M. Broca, M. Michelson, M. A. Dufour et d'autres, ont signalé des particularités remarquables ; ainsi, dans quelques cas, le nombre des raies composantes que dissocie le champ magnétique peut être très considérable.

La modification profonde apportée à une radiation par l'effet Zeeman peut, d'ailleurs, se combiner à d'autres phénomènes pour altérer, d'une façon plus compliquée encore, la lumière ; un faisceau de lumière polarisée, comme l'ont montré MM. Macaluzo et Corbino, subit des modifications dans un champ magnétique au point de vue de l'absorption et de la vitesse de propagation.

1. D'après des mesures très soignées de MM. Cotton et Weiss, ce rapport calculé au moyen de l'effet Zeeman, serait bien de même ordre mais n'aurait pas cependant la même valeur que le rapport déterminé par l'étude des rayons cathodiques.

Des recherches ingénieuses de M. Becquerel et de M. Cotton ont parfaitement élucidé toutes ces complications au point de vue expérimental.

Il ne serait pas impossible de relier tous ces phénomènes, sans adopter l'hypothèse des électrons, en conservant les anciennes équations de l'optique modifiées par des termes relatifs à l'action du champ magnétique; c'est même ce qu'a fait, dans un travail très remarquable, M. Voigt; mais on peut aussi chercher, comme M. Lorentz, des théories plus générales, où sera conservée l'image essentielle des électrons et qui permettront d'englober tous les faits révélés par l'expérience.

On est ainsi amené à supposer qu'il n'y a pas, dans l'atome, un seul électron vibrant, mais qu'on y rencontre un système dynamique comprenant plusieurs points matériels qui pourront être assujettis à des mouvements variés; l'atome neutre peut donc être considéré comme composé d'une portion principale immobile, chargée positivement, autour de laquelle se meuvent, tels des satellites autour d'une planète, plusieurs électrons négatifs de masse très inférieure; cette conclusion nous conduit à une interprétation en accord avec celle que d'autres phénomènes avaient déjà suggérée.

Ces électrons qui ont ainsi une vitesse variable engendrent, autour d'eux, une onde électro-magnétique transversale qui se propage avec la vitesse de la lumière, car la particule chargée devient, dès qu'elle subit un changement de vitesse, le centre d'un rayonnement; ainsi s'explique le phénomène de l'émission des radiations. De même, le mouvement des électrons peut être provoqué ou modifié par les forces électriques qui existent dans un faisceau de lumière qu'ils reçoivent et ce faisceau peut leur céder une partie de l'énergie qu'il transportait; c'est le phénomène de l'absorption (1).

M. Lorentz ne s'est pas contenté d'expliquer ainsi, en gros, le mécanisme des phénomènes d'émission et d'absorption, il a cherché à retrouver, à partir de l'hypothèse fondamentale, les lois quantitatives découvertes au moyen de la thermodynamique; il arrive à démontrer que, conformément à la loi de Kirschoff, le rapport entre le pouvoir émissif et le pouvoir absorbant doit bien être indépendant des propriétés spéciales du corps; il retrouve ainsi les lois de Planck et de Wien; malheureusement le calcul ne peut se faire que pour de grandes longueurs d'ondes et d'assez grandes difficultés subsistent : ainsi l'on ne saurait expliquer bien clairement pourquoi, en chauffant un corps, on déplace le rayonnement vers le côté des petites longueurs d'ondes, ou, si l'on aime mieux, pourquoi un corps devient lumineux à partir du moment où sa température a atteint une valeur suffisamment élevée.

En revanche, en calculant l'énergie des particules vibrantes, on est encore conduit à attribuer à ces particules la même constitution qu'aux électrons.

On peut aussi, comme l'a fait encore M. Lorentz, donner une explication très satisfaisante des phénomènes thermo-électriques, en supposant que le

1. Dans des expériences fort intéressantes et habilement conduites, M. Jean Becquerel a récemment étudié les effets du magnétisme sur les bandes d'absorption des cristaux naturels contenant des terres rares; les phénomènes observés s'interprètent très bien dans la théorie des électrons.

De même, les belles recherches de M. Chéneveau sur les propriétés optiques des solutions et des corps dissous ont conduit ce physicien à des résultats en accord avec les idées électroniques.

nombre des électrons libres qui existent dans un métal donné et à une température donnée a une valeur déterminée qui varie d'un métal à l'autre, et qui, pour chaque corps, est une fonction de la température. Les formules obtenues, en partant de ces hypothèses, s'accordent complètement avec les résultats classiques de Clausius et de lord Kelvin. Si nous rappelons enfin que les phénomènes de la conductibilité calorifique et ceux de la conductibilité électrique s'interprètent parfaitement dans l'hypothèse des électrons, on ne pourra contester l'importance d'une théorie qui permet de grouper dans un même ensemble tant de faits d'origines si diverses.

Si l'on étudie les conditions dans lesquelles une onde, provoquée par les variations de vitesse des électrons, peut se transmettre, on arrive à retrouver, d'une façon générale, les résultats prévus par la théorie électro-magnétique ordinaire; toutefois, certaines particularités ne sont pas absolument les mêmes; ainsi la théorie de Lorentz conduit, comme celle de Maxwell, à prévoir que si l'on fait mouvoir dans un champ magnétique, normalement aux lignes de forces du champ, une masse isolante, il se produira, dans cette masse, un déplacement analogue à celui dont Faraday et Maxwell admettent l'existence dans le diélectrique d'un condensateur chargé. Mais M. H. Poincaré a fait observer que, suivant que l'on adopte l'une ou l'autre des manières de voir, la valeur de ce déplacement ne sera pas la même; cette remarque est fort importante, car elle peut conduire à une expérience qui permettrait de choisir définitivement entre les deux théories.

Pour avoir le déplacement, évalué d'après Lorentz,

il faudrait multiplier le déplacement calculé d'après Hertz par un facteur représentant le rapport entre la différence des pouvoirs inducteurs spécifiques du diélectrique et du vide et le premier de ces pouvoirs; si donc on prend, comme diélectrique, l'air, dont le pouvoir inducteur spécifique est sensiblement le même que celui du vide, le déplacement sera nul dans l'idée de Lorentz; il aura, au contraire, une valeur finie d'après Hertz. M. Blondlot a fait l'expérience : il a lancé un courant d'air dans un condensateur placé dans un champ et jamais il n'a pu constater la moindre trace d'électrisation; par suite, il ne se produit aucun déplacement dans le diélectrique. L'expérience, étant négative, est évidemment moins probante qu'une expérience qui conduirait à un résultat positif, mais elle fournit un argument très puissant en faveur de la théorie de Lorentz.

Ainsi cette théorie apparaît comme très séduisante; elle soulève cependant encore quelques objections de la part de ceux qui la confrontent avec les principes de la mécanique ordinaire.

Si l'on envisage, par exemple, une radiation émise par un électron appartenant à un premier corps matériel, absorbée par un autre électron dans un second corps, on aperçoit immédiatement que, la propagation n'étant pas instantanée, il ne saurait y avoir compensation entre l'action et la réaction qui ne sont pas simultanées; le principe de Newton semble ainsi mis en échec. Il faut, pour le sauver, admettre que les mouvements dans les deux substances matérielles sont compensés par ceux de l'éther qui sépare ces substances; mais cette conception, qui est assez bien d'accord avec l'hypothèse que l'éther et la matière ne sont pas d'essence différente, entraîne, quand on examine les choses plus à fond, des suppositions peu satisfaisantes sur la nature des mouvements de l'éther.

Depuis longtemps les physiciens admettent que, dans son ensemble, l'éther doit être considéré comme immobile et qu'il peut servir, pour ainsi dire, de support aux axes de Galilée, par rapport auxquels le principe de l'inertie est applicable, ou mieux encore, comme l'a montré M. Painlevé, qui permettent seuls d'obéir au principe de causalité.

Mais, s'il en est ainsi, on peut, semble-il, espérer par des expériences d'électro-magnétisme atteindre le mouvement absolu, mettre en évidence le mouvement de translation de la terre par rapport à l'éther. Toutes les recherches qui ont été tentées par les physiciens les plus ingénieux ont cependant toujours échoué et l'on est conduit à penser, avec beaucoup de géomètres, que ces résultats négatifs ne sont pas dus à l'imperfection des expériences, mais tiennent à une cause profonde et générale. Lorentz a cherché dans quelles conditions la théorie électro-magnétique qu'il a proposée serait d'accord avec le postulat de l'impossibilité complète de la détermination du mouvement absolu.

Il faudrait, pour réaliser cet accord, supposer qu'un système mobile se contracte, dans le sens de la translation, d'une quantité très faible, proportionnelle au carré du rapport de la vitesse d'entraînement à la vitesse de la lumière. Les électrons eux-mêmes n'échappent pas à cette contraction que l'observateur, qui participe au même mouvement, ne peut naturellement constater. Lorentz suppose en outre que toutes les forces, quelle qu'en soit l'origine, sont affectées par une translation de même manière que les forces électro-magnétiques. M. Langevin et M. H. Poincaré ont étudié la même question et précisé diverses conséquences délicates. La singularité des hypothèses que l'on est amené à construire ne constitue, en aucune façon, un argument contre la théorie de Lorentz, mais elle a, il faut l'avouer, découragé quelques-uns des partisans les moins hardis de cette théorie.

§ 3. — LA MASSE DES ÉLECTRONS.

D'autres conceptions plus audacieuses encore sont suggérées par les résultats d'intéressantes expériences. L'électron va fournir la possibilité de considérer l'inertie, la masse, non plus comme une notion fondamentale mais comme une conséquence des phénomènes électro-magnétiques.

M. J.-J. Thomson a eu le premier l'idée nette qu'une partie au moins de l'inertie d'un corps électrisé est due à sa charge électrique; cette idée a été reprise et précisée par M. Max Abraham qui, pour la première fois, a été amené à envisager la notion en apparence paradoxale d'une masse fonction de la vitesse. Considérons une petite particule portant une certaine charge électrique et supposons que cette particule se meuve dans l'éther, elle est, comme nous le savons, équivalente à un courant proportionnel à sa vitesse, elle crée donc un champ magnétique dont l'intensité est aussi proportionnelle à sa vitesse; et pour la mettre en mouvement, il faut, par suite, en plus de la dépense correspondant à l'acquisition de son énergie cinétique ordinaire, lui communiquer une quantité d'énergie proportionnelle au carré de sa vitesse; tout se passe donc comme si, par le fait de l'électrisation, sa capacité d'énergie cinétique, sa masse matérielle, s'était accrue d'une certaine quantité constante; à la masse ordinaire s'ajoute, si l'on veut, une masse électro-magnétique.

Les choses se passent ainsi tant que la vitesse de translation de la particule n'est pas très grande mais il n'en est plus tout à fait de même quand elle est, cette particule, animée d'un mouvement dont la rapidité devient comparable à celle avec laquelle se propage la lumière.

Le champ magnétique créé n'est plus alors un champ en repos, son énergie dépend d'une façon compliquée de la vitesse et l'accroissement apparent de la masse de la particule en mouvement devient lui-même fonction de la vitesse; il y a plus, cet accroissement peut n'être pas le même pour une même vitesse, suivant que l'accélération est parallèle ou perpendiculaire à la direction de cette vitesse; en d'autres termes, il y aurait une masse longitudinale et une masse transversale apparentes qui ne seraient pas les mêmes.

Tous ces résultats subsisteraient alors même que la masse matérielle serait très petite par rapport à la masse électro-magnétique; l'électron se trouve posséder de l'inertie, même si sa masse ordinaire devient de plus en plus faible. La masse apparente, on le démontre aisément, croît indéfiniment lorsque la vitesse dont est animée la particule électrisée tend vers la vitesse de la lumière, ainsi le travail nécessaire pour communiquer à un électron une telle vitesse serait infini. Il n'est pas possible, par conséquent, que la vitesse d'un électron, par rapport à l'éther, puisse jamais dépasser, ni même atteindre d'une manière permanente, 300.000 kilomètres à la seconde.

Tous ces faits prévus par la théorie sont confirmés par l'expérience.

On ne connaît pas de procédés permettant de mesurer directement la masse d'un électron, mais on peut, nous l'avons vu, mesurer simultanément la vitesse et le rapport de la charge électrique à sa masse. Dans le cas des rayons cathodiques émis par le radium, ces mesures sont particulièrement intéressantes, parce que, comme le montre la largeur de la tache produite sur une plaque photographique par un faisceau primitivement étroit et dispersé ensuite par l'action d'un champ électrique ou magnétique, les rayons qui composent le faisceau sont animés de vitesses très différentes. M. Kaufmann a réalisé des expériences soignées par une méthode qu'il désigne sous le nom de méthode des spectres croisés et qui consiste à superposer les déviations produites par un champ magnétique et un champ électrique agissant dans des directions perpendiculaires l'une à l'autre; il a pu ainsi, en opérant dans le vide, enregistrer des vitesses très variables qui, partant pour c rtains rayons des sept dixièmes environ de la vitesse de la lumière, atteignent, pour d'autres, les quatre-vingt-quinze centièmes de celle-ci.

On constate ainsi que le rapport de la charge à la masse — qui, pour les vitesses ordinaires, se montre constant et égal à celui qu'on a rencontré déjà dans tant d'expériences — diminue, d'abord lentement, puis très rapidement, quand la vitesse du rayon augmente et s'approche de la vitesse de la lumière; si on représente cette variation par une courbe, l'allure de cette courbe donne à penser que le rapport tend vers zéro quand la vitesse tend vers la vitesse de la lumière.

Toutes les expériences antérieures nous ayant conduits à considérer que la charge électrique est la même pour tous les électrons, on ne saurait guère concevoir que cette charge pût varier avec la vitesse ; pour que le rapport, dont l'un des termes est resté fixe, ait pu changer, il a bien fallu que l'autre terme ne soit pas resté constant ; les expériences de M. Kaufmann confirment donc bien les prévisions de la théorie de Max Abraham : la masse dépend de la vitesse et augmente indéfiniment au fur et à mesure que cette vitesse se rapproche de celle de la lumière. Elles permettent d'ailleurs, ces expériences, de comparer les résultats numériques du calcul aux valeurs mesurées. La comparaison, très satisfaisante, montre que la masse totale apparente est sensiblement égale à la masse électro-magnétique; la masse matérielle de l'électron est donc nulle, toute sa masse est électro-magnétique.

Ainsi l'électron doit être considéré comme une simple charge électrique privée de matière, un premier examen nous avait conduits à lui attribuer une masse mille fois plus faible que celle d'un atome d'hydrogène, une étude plus attentive nous montre que cette masse était fictive; les phénomènes électro-magnétiques qui se produisent quand on veut mettre l'électron en mouvement, ou faire changer sa vitesse, ont pour effet de simuler, en quelque sorte, l'inertie et c'est cette inertie due à sa charge qui nous avait fait illusion.

L'électron est donc simplement un petit volume déterminé en un point de l'éther possédant des propriétés spéciales; ce point se propage avec une vitesse qui ne saurait dépasser la vitesse de la lumière.

Quand cette vitesse est constante, l'électron crée autour de lui, par son passage, un champ électrique et un champ magnétique; autour de ce centre électrisé existe une sorte de sillage qui le suit à travers l'éther et qui ne se modifie pas tant que la vitesse demeure invariable. Si d'autres électrons suivent le premier, à l'intérieur d'un fil, ce fil sera parcouru par ce que l'on appelle un courant électrique.

Lorsque l'électron est soumis à une accélération, une onde transversale se produit, une radiation électro-magnétique prend naissance, dont le caractère peut naturellement changer suivant la façon dont la vitesse varie; si l'électron a un mouvement périodique suffisamment rapide, cette onde est une onde lumineuse; si l'électron s'arrête brusquement, une sorte de pulsation se transmet dans l'éther, on obtient alors des rayons de Röntgen.

§ 4. — VUES NOUVELLES SUR LA CONSTITUTION DE L'ÉTHER ET SUR LA CONSTITUTION DE LA MATIÈRE.

De nouveaux et précieux renseignements nous sont aussi fournis sur les propriétés de l'éther, vont-ils nous permettre de construire une représentation matérielle de ce milieu qui remplit l'Univers et de résoudre ainsi un problème devant lequel ont échoué, nous l'avons vu, les efforts prolongés de nos devanciers ?

Quelques savants semblent avoir eu cet espoir. M. Larmor, en particulier, a proposé une image des plus ingénieuses, mais qui manifestement est encore insuffisante. La tendance actuelle des physiciens est plutôt une tendance opposée, ils considèrent que la matière est un objet complexe, sur lequel nous nous imaginons à tort être fort renseignés, parce que nous sommes très habitués à le considérer et parce que ses propriétés singulières finissent par nous paraître naturelles, mais, selon toute vraisemblance, l'éther serait, dans la réalité objective, beaucoup plus simple et c'est lui qu'il conviendrait de considérer comme fondamental.

On ne saurait donc, sans commettre une véritable erreur de raisonnement, définir l'éther par des propriétés matérielles et c'est faire une besogne tout à fait vaine, condamnée d'avance à la stérilité, que de chercher à le déterminer par d'autres qualités que celles dont l'expérience nous fournit une connaissance immédiate et précise.

L'éther est défini quand nous connaissons, en chacun de ses points, en grandeur et en direction, les deux champs, électrique et magnétique, qui y peuvent exister. Ces deux champs peuvent varier; nous parlons par habitude d'un mouvement qui se propage dans l'éther, mais le phénomène accessible à l'expérience, est la propagation de ces variations.

Puisque les électrons, considérés comme une modification de l'éther symétriquement distribué autour d'un point, simulent parfaitement l'inertie, qui est la propriété fondamentale de la matière, il devient bien tentant de supposer que la matière est elle-même composée d'un assemblage plus ou moins complexe de centres électrisés en mouvement.

Cette complexité est, en général, très grande comme le démontre l'examen des spectres lumineux produits par les atomes, et c'est précisément par suite de compensations produites entre les divers mouvements que les propriétés essentielles de la matière, ainsi, par exemple, la loi de conservation de l'inertie, ne sont pas contraires à l'hypothèse.

Les forces de cohésion seraient dues aux attractions mutuelles qui s'exercent dans les champs électriques et magnétiques qui existent à l'intérieur des corps ; on conçoit même qu'il se puisse produire, sous l'influence de ces actions, une tendance à des orientations déterminées, c'est-à-dire que l'on aperçoit la raison pour laquelle la matière peut être cristallisée.

Toutes les expériences faites sur la conductibilité des gaz ou des métaux et sur les radiations des corps actifs nous ont amenés à envisager l'atome comme constitué par un centre chargé positivement, ayant sensiblement la grosseur de l'atome lui-même, autour duquel gravitent les électrons ; on pourrait évidemment supposer que ce centre positif conserve, lui, les caractères fondamentaux de la matière et que, seuls, les électrons n'ont plus qu'une masse électro-magnétique.

On est mal renseigné sur ces particules positives, quoiqu'on les rencontre isolées, comme nous avons vu, dans les rayons canaux par exemple ; on n'a pu les étudier aussi sûrement que les électrons eux-mêmes ; leur grosseur fait qu'ils provoquent dans les corps sur lesquels ils tombent des perturbations considérables, qui se traduisent par des émissions secondaires venant compliquer et masquer le phénomène primitif. On a, néanmoins, de sérieuses raisons de penser que ces centres positifs ne sont pas simples ; ainsi M. Stark (1) leur attribue, avec des preuves expérimentales fort ingénieuses à l'appui de son opinion, l'émission des spectres des raies dans les tubes de Geissler ; la complexité du spectre

1. De même Lenard établit qu'une partie du spectre de l'arc électrique paraît dû à des atomes devenus positifs par la perte d'un ou de plusieurs électrons négatifs.

décèlerait la complexité du centre. D'ailleurs, certaines particularités que présente la conductibilité des métaux ne sauraient s'expliquer sans une supposition semblable.

M. Jean Becquerel, ayant été conduit, lui aussi, par ses recherches sur les phénomènes magnéto-optiques, à penser que les atomes renferment des électrons positifs, a cherché à séparer ces électrons de la matière. Il a, dans ce but, institué de très ingénieuses expériences sur les rayons canaux et il interprète les résultats obtenus en supposant que le rayon-canal est partiellement transformé, dans son passage à travers le faisceau cathodique, en rayon composé d'électrons positifs à l'état de liberté.

Ainsi l'atome privé du corpuscule cathodique serait encore lui-même décomposable en éléments analogues aux électrons et chargés positivement.

Dès lors, rien n'empêche de supposer que ce centre simule, lui aussi, l'inertie par ses propriétés électro-magnétiques et qu'il n'est qu'une condition localisée dans l'éther.

Quoi qu'il en soit, l'édifice ainsi construit, se composant d'électrons en mouvement périodique, vieillit nécessairement; les électrons sont soumis à des accélérations qui produisent un rayonnement vers l'extérieur; certains d'entre eux peuvent s'éloigner du corps, la stabilité première finit par n'être plus assurée, un nouvel arrangement tend à se produire, et la matière nous paraît subir les transformations dont les corps radio-actifs nous ont fourni des exemples remarquables.

Nous avions déjà eu, par fragments, tous ces aperçus sur la constitution de la matière; l'étude plus approfondie de l'électron permet de se placer ainsi à un endroit d'où l'on a une vue d'ensemble nette et claire et d'où l'on devine des horizons indéfinis.

Il conviendrait, toutefois, pour fortifier cette position, d'écarter quelques objections qui la menacent encore : la stabilité de l'électron n'est pas suffisamment démontrée, comment sa charge ne se dissipe-t-elle pas, quelles liaisons assurent la permanence de sa constitution?

D'autre part, les phénomènes de la gravitation restent mystérieux. Lorentz a bien tenté d'édifier une théorie où il explique l'attraction en admettant que deux charges de même signe se repoussent un peu moins que ne s'attirent deux charges égales mais de signe contraire, la différence étant d'ailleurs, d'après le calcul, beaucoup trop petite pour pouvoir être directement observée; il a cherché aussi à expliquer la gravitation en la rapportant aux pressions que pourraient produire sur les corps les mouvements vibratoires formant des rayons très pénétrants. Récemment, M. Sutherland a bien imaginé que l'attraction est due à la différence d'action des courants de convection produits par les corpuscules positifs et négatifs qui constituent les atomes des astres et qui sont entraînés dans les mouvements astronomiques. Mais ces hypothèses restent un peu vagues et bien des auteurs pensent, comme M. Langevin, que la gravitation doit résulter d'un mode d'activité de l'éther entièrement différent du mode électro-magnétique.

CHAPITRE XI

L'avenir de la Physique.

Il serait sans doute fort téméraire, et certainement très prétentieux, de chercher à prédire l'avenir qui peut être réservé à la physique : jouer le rôle d'un devin n'est pas faire œuvre scientifique, et les prévisions les mieux établies aujourd'hui peuvent être bousculées par la réalité de demain.

Néanmoins, le physicien ne recule pas devant une extrapolation peu étendue qui ne s'éloigne pas trop de l'expérience; la connaissance de l'évolution accomplie en ces dernières années autorise quelques suppositions sur le sens dans lequel le progrès va se poursuivre.

Le lecteur, qui aura bien voulu nous accompagner dans la rapide excursion que nous venons de faire à travers le domaine de la science de la nature, rapportera sans doute de ce court voyage cette impression générale que les anciens cadres où les traités classiques se plaisent encore à enfermer les divers chapitres de la physique éclatent de toutes parts.

Ces belles routes droites, tracées par les Maîtres du siècle dernier, élargies, aplanies, par l'œuvre de tant de travailleurs sont maintenant réunies par une foule de petits sentiers qui sillonnent le champ de la physique. Ce n'est pas seulement parce qu'ils parcourent des régions encore mal explorées, où les découvertes sont plus abondantes et plus faciles que ces chemins de traverse sont si fréquentés, mais encore parce qu'un espoir supérieur guide les chercheurs qui s'engagent dans ces voies nouvelles.

Malgré les insuccès répétés auxquels ont abouti les nombreuses tentatives faites dans le passé, on ne renonce pas à l'idée de conquérir un jour un principe suprême qui commanderait la physique entière.

Quelques physiciens pensent sans doute qu'une telle synthèse est irréalisable et que la nature est complexe, infiniment, mais, malgré les réserves qu'ils peuvent faire, au point de vue philosophique, sur la légitimité du procédé, ils n'hésitent pas à construire des hypothèses générales qui, à défaut d'une satisfaction d'esprit complète, leur fournissent, du moins, un moyen fort commode de grouper un nombre immense de faits jusque là épars.

Leur erreur, si erreur il y a, est bienfaisante, elle est de celles que Kant eut rangées parmi les illusions fécondes qui engendrent le progrès indéfini de la science et qui conduisent à de grandes et importantes coordinations.

C'est naturellement par l'étude des relations qui existent entre des phénomènes en apparence d'ordre très divers que l'on peut espérer atteindre le but et ainsi se justifie l'intérêt particulier qui s'attache aux recherches poursuivies dans les régions intermédiaires entre les domaines que l'on considérait naguère comme séparés.

Parmi toutes les théories récemment proposées, la théorie des ions a pris une place prépondérante; d'abord mal comprise par quelques-uns, paraissant quelque peu singulère, en tous cas inutile, à d'autres, elle n'avait dans ses débuts, en France du moins rencontré, il faut l'avouer, qu'une très médiocre faveur.

Aujourd'hui les choses ont bien changé, ceux-là mêmes qui la méconnaissaient ont été séduits par la façon curieuse dont elle s'adapte à l'interprétation des expériences les plus récentes sur des sujets très divers; une réaction très naturelle s'est produite, je dirais presque qu'une question de mode a porté à quelques exagérations.

L'électron a conquis la physique, beaucoup adorent la nouvelle idole d'une adoration un peu aveugle; certes, on ne peut que s'incliner devant une hypothèse qui permet de grouper, dans un même ensemble, toutes les découvertes sur les décharges électriques, sur les substances radioactives, qui conduit à une théorie satisfaisante de l'optique et de l'électricité, et, par l'intermédiaire de la chaleur rayonnante, semble devoir prochainement englober les principes de la thermodynamique; certes, on doit admirer la puissance d'un symbole qui pénètre aussi dans le domaine de la mécanique et qui fournit une représentation simple des propriétés essentielles de la matière; mais il convient de ne pas perdre de vue qu'une image peut être une apparence bien fondée mais ne saurait exactement se superposer à la réalité objective.

La conception de l'atome d'électricité, à partir duquel les atomes matériels seraient construits, nous permet évidemment de pénétrer plus avant que n'avaient pu le faire nos devanciers dans les secrets de la nature, mais il faut ne pas se payer de mots et le mystère n'est pas éclairci lorsque, par un artifice légitime, on a simplement reculé la difficulté; on reporte sur un élément de plus en plus petit les qualités physiques que l'on a d'abord, dans l'antiquité, attribuées à l'ensemble d'une substance, puis plus tard aux atomes chimiques dont la réunion constitue cet ensemble, puis aujourd'hui aux électrons qui composent ces atomes ; on rend, en quelque sorte, de plus en plus petit l'indivisible mais on ignore toujours quelle peut être sa substance; la notion de charge électrique que nous substituons à la notion de masse matérielle permettra de réunir des phénomènes que l'on croyait séparés, mais elle ne saurait être considérée comme une explication définitive, le terme auquel la science doit s'arrêter. Il est probable cependant que, pendant quelques années encore, la physique n'ira pas au delà : l'hypothèse actuelle suffit pour grouper les faits connus, elle permet, sans doute, d'en prévoir beaucoup d'autres, de nouveaux succès viendront encore s'ajouter à son actif.

Puis viendra le jour où, comme toutes celles qui ont régné avant elle, cette hypothèse séduisante conduira à plus d'erreurs que de découvertes ; elle se sera cependant perfectionnée, elle sera alors devenue un édifice très vaste et très complet que certains n'abandonneront pas volontiers, ceux qui ont établi une confortable demeure sur les ruines des monuments anciens ont parfois, eux aussi, trop de regrets à la quitter.

Ce jour-là, les chercheurs qui étaient en avant dans la marche vers la vérité seront rejoints, et même dépassés, par d'autres qui ont suivi un chemin plus long mais peut-être plus sûr; nous les avons vus également à l'œuvre, ces physiciens prudents qui redoutent les symboles trop audacieux, qui cherchent seulement à recueillir le plus de documents possibles ou qui ne veulent comme guide que quelques principes qui sont pour eux une simple généralisation de faits expérimentalement établis, et nous avons pu constater qu'eux aussi accomplissaient une bonne et fort utile besogne.

Les uns et les autres ne travaillent pas d'ailleurs d'une façon isolée, il est à noter en effet que la plupart des résultats si remarquables obtenus dans ces dernières années sont dus à des physiciens qui ont su unir leurs efforts, orienter leur activité vers un but commun, et peut-être n'est-il pas inutile d'observer aussi que les progrès ont été en raison des ressources matérielles dont disposaient les laboratoires.

Il est probable que, dans l'avenir comme dans le passé, les découvertes les plus profondes, celles qui viendront subitement révéler des régions entièrement inconnues, ouvrir des horizons tout à fait nouveaux, seront faites par quelques chercheurs de génie qui poursuivront dans la méditation solitaire leur labeur obstiné et qui, pour vérifier leurs conceptions les plus hardies, ne demanderont sans doute que les moyens expérimentaux les plus simples et les moins coûteux ; mais, pour que ces découvertes portent toutes leurs fruits, pour que le domaine puisse être rationnellement exploité et fournisse le rendement désirable, il faudra de plus en plus l'association des bonnes volontés, la solidarité des intelligences, il faudra aussi que les savants aient à leur disposition les instruments les plus délicats et les plus puissants; ce sont là les conditions aujourd'hui nécessaires pour le progrès continu dans les sciences expérimentales.

Si, comme il est malheureusement arrivé déjà dans l'histoire des sciences, ces conditions ne se trouvaient pas remplies, si la liberté des travailleurs venait à être entravée, leur union troublée, si les facilités matérielles leur étaient trop parcimonieusement ménagées, l'évolution, actuellement si rapide, pourrait se ralentir, des régressions, comme du reste en connaissent toutes les évolutions, pourraient même se produire, mais les espérances dans l'avenir ne seraient pas pour toujours abolies. Il n'est pas de limites pour le progrès, le champ de nos investigations n'a pas de frontières; l'évolution se continuera avec une force invincible, ce que nous appelons aujourd'hui l'inconnaissable reculera de plus en plus loin devant la science qui, jamais, ne s'arrêtera dans sa marche en avant; ainsi la physique satisfera de mieux en mieux l'esprit en lui fournissant de nouvelles interprétations des phénomènes, mais elle accomplira, pour la société tout entière, une œuvre plus précieuse encore, en contribuant tous les jours, par les améliorations qu'elle suggère, à rendre la vie plus facile et plus douce et en procurant à l'homme des armes contre les forces hostiles de la nature.

TABLE DES MATIÈRES

Pages

CHAPITRE IV

Les divers états de la matière

Pages

CHAPITRE V

Les solutions et la dissociation électrolytique

CHAPITRE VI

L'éther

CHAPITRE VII

CHAPITRE VIII

La conductibilité des gaz ; les ions

CHAPITRE IX

Les rayons cathodiques ; les corps radio-actifs

CHAPITRE X

L'éther et la matière

CHAPITRE XI

9676-8-09 — Paris. — Imp. Hemmerlé et Cie.

BIBLIOTHÈQUE
DE
PHILOSOPHIE SCIENTIFIQUE

Publiée sous la direction du Dr Gustave Le Bon

Collection in-18 jésus à 3 fr. 50 le volume

1re Série. — Sciences physiques et naturelles

BOINET (E.), *Professeur de Clinique médicale.* — **Les Doctrines médicales. — Leur Évolution.**

La nécessité d'une doctrine directrice s'impose à la médecine, qui est à la fois un art par ses applications et une science par ses moyens d'étude. Les doctrines médicales ont donc une portée pratique et théorique, et leur évolution marque les étapes de la médecine. — Un vol.

BONNIER (Gaston), *Membre de l'Institut, Professeur à la Sorbonne.* — **Le Monde végétal.**

Dans *Le Monde Végétal*, l'auteur, avant tout, expose les faits qui éclairent la philosophie des sciences naturelles; il y passe en revue la succession des idées que les savants ont émises sur les végétaux; il les commente et il les discute. — Un vol. illustré de 230 figures.

BOUTY (E.), *Professeur à la Faculté des Sciences.* — **La Vérité scientifique. — Sa Poursuite.**

Mettre en lumière les caractères généraux de la vérité scientifique, le rôle que jouent l'expérience et le raisonnement dans sa découverte; montrer l'unité réelle de l'effort sous la diversité indéfinie de ses formes, l'étroite solidarité des sciences considérées à la fois dans leur développement logique et historique, tel est l'objet essentiel de ce livre. — Un vol.

BRUNHES (Bernard), *Directeur de l'Observatoire du Puy de Dôme.* — **La Dégradation de l'Énergie.**

Quand le public cultivé parle de « conservation de l'énergie », il croit en général à la conservation de « l'énergie utilisable » ou de la « capacité de produire du travail ». Non content de dénoncer, une fois de plus, le contre-sens si usuel, l'auteur a voulu dans ce livre en rechercher les origines historiques et en expliquer la genèse. — Un vol. illustré.

COMBARIEU (Jules), *Chargé du Cours d'Histoire musicale au Collège de France.* — **La Musique. — Ses Lois et son Evolution.**

Dans ce travail, l'auteur ne s'est pas contenté d'exposer en langage très clair, avec exemples à l'appui, les *lois* de la musique : il les explique, en rattachant un état donné de l'art et de la théorie à l'état correspondant de la vie sociale. — Un vol. illustré.

BASTRE, *Professeur de Physiologie à la Sorbonne.* — **La Vie et la Mort.**

Ce livre traite des questions relatives à la Vie et à la Mort au point de vue de la philosophie et de la science. — Un vol.

DELAGE (Yves) et GOLDSMITH (M.). — Les Théories de l'Evolution.

Sur le principe de l'évolution, c'est-à-dire sur l'idée que les êtres animés descendent les uns des autres, on est à peu près d'accord. Mais sur le *modus agendi* de cette évolution, il est loin d'en être ainsi. Le lecteur curieux de ces questions trouvera dans ce livre un fil d'Ariane qui lui permettra de se retrouver dans le dédale des opinions contradictoires et de se faire une idée d'ensemble sur une question qui intéresse l'humanité entière en raison de ses applications aux théories sociologiques. — Un vol.

DEPÉRET (Charles), *Doyen de la Faculté des Sciences de Lyon.* — **Les Transformations du Monde animal.**

Ce livre est destiné à exposer ce que nous savons, actuellement, des lois qui ont présidé aux transformations du monde animal, depuis l'apparition de la vie sur le globe jusqu'à nos jours. — Un vol.

HÉRICOURT (Dr J.). — Les Frontières de la Maladie.

Les frontières de la maladie, ce sont toutes les maladies qui laissent aux patients les apparences de la santé, et qui, par cela même, sont abandonnées à leur libre évolution dans leur phase maniable par l'hygiène, jusqu'à leur transformation en états graves, contre lesquels la thérapeutique est alors le plus souvent impuissante. — Un vol.

— L'Hygiène moderne.

Sous une forme toute nouvelle, l'auteur présente aux lecteurs un ensemble d'idées générales capables de les guider avec sûreté pour la solution de tous les problèmes concernant la conservation et la protection de leur santé. — Un vol.

HOUSSAY (Frédéric), *Professeur de Zoologie à la Sorbonne.* **— Nature et Sciences naturelles.**

Ce nouveau livre, accessible à tous les esprits cultivés et réfléchis, a pour noyau la plus originale tentative pour montrer, dans l'édification de la science, la continuité de pensée depuis l'antiquité jusqu'à notre époque. — Un vol.

LAUNAY (L. de), *Professeur à l'École des Mines.* — **L'Histoire de la Terre**

Faire une *Histoire de la Terre*, qui soit, à proprement parler, une

Histoire, c'est-à-dire qui raconte simplement les faits du passé dans leur succession chronologique et qui ne devienne pas, pour cela, un roman, tel est le but difficile que s'est proposé M. De Launay. — Un vol.

— La Conquête minérale.

Le but de cet ouvrage est d'étudier le rôle industriel, économique, social et politique de la richesse minérale dans l'histoire, en indiquant l'évolution subie, dans son mode de découverte, d'extraction et d'application dans l'industrie. — Un vol.

LE BON (Dr Gustave). — L'Évolution de la Matière.

Cet ouvrage présente un intérêt scientifique et philosophique considérable. L'auteur y a développé les recherches nombreuses que sous ces titres : *La Lumière Noire*, *La Dématérialisation de la Matière*, etc., il a publié depuis plusieurs années. — Un vol. illustré de 63 gravures photographiées au laboratoire de l'auteur.

— L'Évolution des Forces.

Ce livre est consacré à développer les conséquences des principes exposés par Gustave Le Bon dans son ouvrage l'*Evolution de la Matière*, dont le 18e mille a paru récemment. — Un vol. illustré de 42 figures.

LE DANTEC (Félix), *Chargé de Cours à la Sorbonne*. — Les Influences Ancestrales.

L'auteur montre comment, de la seule notion de la continuité des lignées, on conclut sans peine aux principes de Lamarck et Darwin. Le premier livre de l'ouvrage est un véritable résumé de la biologie tout entière. — Un vol.

— La Lutte universelle.

Contrairement à Saint Augustin qui affirme que les corps de la nature se soutiennent réciproquement et « s'aiment en quelque sorte » M. Le Dantec prétend, dans ce nouveau livre, que l'existence même d'un corps quelconque est le résultat d'une lutte. — Un vol.

— Philosophie du XXe Siècle ★ DE L'HOMME A LA SCIENCE.

Les études biologiques de M. Le Dantec, ses efforts pour placer la vie au milieu des autres phénomènes naturels, devaient l'amener à écrire une œuvre de synthèse. — Un vol.

— ★★ SCIENCE ET CONSCIENCE.

Science et Conscience nous est donné par M. Le Dantec comme son dernier livre de Biologie. Son œuvre considérable ne saurait manquer d'avoir une grande influence sur la pensée moderne. — Un vol.

MARTEL (E.-A.). — L'Évolution souterraine.

Sous ce titre, l'auteur montre l'histoire souterraine de la planète c'est-à-dire l'évolution grandiose et continue de la Terre. — Un vol. illustré de 80 belles gravures.

OSTWALD (W.), *Professeur de Chimie à l'Université de Leipzig.* — **L'Evolution d'une Science. — La Chimie,** traduction du Docteur DUFOUR, *Professeur agrégé à la Faculté de Médecine de Nancy*)

Bien que l'*Evolution d'une Science* ne soit pas à proprement parler une histoire de la chimie, l'auteur a cherché à ne laisser de côté aucun point essentiel. Son livre est une pierre apportée à l'histoire de la chimie, et c'est aussi une contribution à l'histoire générale de la science. — Un vol.

PICARD (Émile), *Membre de l'Institut, Professeur à la Sorbonne.* — **La Science moderne et son État actuel.**

M. Picard s'est proposé de donner, dans ce volume, une idée d'ensemble sur l'état des sciences mathématiques, physiques et naturelles dans les premières années du xxe siècle. — Un vol.

POINCARÉ (H.), *de l'Académie Française.* — **La Science et l'Hypothèse.**

M. Poincaré a réuni sous ce titre les résultats de ses réflexions sur la logique des sciences mathématiques et physiques. — Un vol.

— **La Valeur de la Science.**

Cet ouvrage a pour but de rechercher quelle est la véritable valeur objective de la science. — Un vol.

— **Science et Méthode.**

M. Poincaré a réuni dans cet ouvrage diverses études se rapportant à des questions de méthodologie scientifique. — Un vol.

POINCARÉ (Lucien), *Inspecteur général de l'Instruction publique.* — **La Physique moderne. — Son Évolution,**
Ouvrage couronné par l'Académie des Sciences.

L'auteur a pensé qu'il serait utile d'écrire un livre où, tout en évitant d'insister sur les détails techniques, il ferait connaître, d'une façon aussi précise que possible, les résultats si remarquables qui, depuis une dizaine d'années, sont venus enrichir le domaine de la physique et modifier profondément les idées des philosophes aussi bien que celles des savants. — Un vol.

— **L'Électricité.**

Dans ce volume, M. Lucien Poincaré étudie les modes de production et d'utilisation des courants électriques et les principales applications qui appartiennent au domaine de l'électrotechnique. — Un vol.

RENARD (Commandant Paul). — **L'Aéronautique.**

Ce volume embrasse l'aéronautique tout entière et bien qu'un tel sujet comporte nécessairement des parties abstraites, l'auteur a su exposer avec clarté les questions les plus arides sans rien sacrifier de la précision nécessaire et en se mettant à la portée de tous les lecteurs. — Un vol. illustré.

2e Série. — Psychologie et Histoire.

BINET (Alfred), *Directeur de Laboratoire à la Sorbonne.* — **Les Idées Modernes sur les Enfants.**

Depuis une trentaine d'années, en Allemagne, en Amérique, en Italie, en France, des médecins, des physiologistes et des psychologues ont cherché à introduire les méthodes scientifiques dans les choses de l'éducation. Voilà ce que l'auteur examine en toute impartialité. Son livre s'adresse aux pères de famille, aux éducateurs, aux hommes politiques et à tous ceux qui s'intéressent au problème de l'enfance. — Un vol.

— **L'Ame et le Corps.**

M. Binet a voulu montrer que les progrès récents de la psychologie expérimentale ont eu un retentissement sur les spéculations les plus hautes et les plus abstraites de la philosophie. — Un vol.

BIOTTOT (Colonel). — **Les Grands Inspirés devant la Science.** — JEANNE D'ARC.

Cette œuvre s'adresse également aux penseurs et aux simples curieux d'une explication scientifique de Jeanne d'Arc, l'héroïne du patriotisme. — Un vol.

BOHN (Georges). — **La Naissance de l'Intelligence.**

Ce volume est un exposé de l'état actuel des problèmes de la psychologie animale. — Un vol.

BOUTROUX (Émile), *Membre de l'Institut.* — **Science et Religion** DANS LA PHILOSOPHIE CONTEMPORAINE.

Étude critique des principales solutions que reçoit actuellement, parmi les hommes qui réfléchissent, le problème des rapports de la religion et de la science. — Un vol.

BRUYSSEL (Ernest van), *Consul général de Belgique.* — **La Vie Sociale.** — **Ses Évolutions.**

Ce livre expose dans son ensemble toute l'histoire de l'humanité. Il a pour but l'étude des idées sociales dès leur origine et à travers leurs évolutions, durant la succession des siècles. — Un vol.

CROISET (Alfred), *Membre de l'Institut, Doyen de la Faculté des Lettres de l'Université de Paris.* — **Les Démocraties Antiques.**

Faire connaître, par un exposé rapide, non seulement les traits saillants des institutions démocratiques de l'antiquité, mais aussi les grandes lignes de leur évolution et, autant que possible, les causes économiques, politiques, morales qui en ont réglé le développement ou déterminé le caractère, tel est l'objet du présent ouvrage. — Un vol.

CRUET (**Jean**), *Docteur en droit, Avocat à la Cour d'appel.* — **La Vie du Droit** ET L'IMPUISSANCE DES LOIS.

Cet ouvrage examine s'il n'y a pas, contre le droit du législateur et à côté de lui, un droit du juge et un droit des mœurs. Il convient d'apporter au moule dans lequel doit être coulée la pensée législative, certaines retouches ou corrections. Le législateur ne doit pas promettre ce qu'il ne saurait tenir. — Un vol.

DUBUFE (**Guillaume**). — **La Valeur de l'Art.**

Ce que représente l'art chez les divers peuples, les aspirations dont il est la synthèse, les besoins qu'il traduit, les éléments qu'il fournit à l'étude des civilisations, telles sont les questions abordées dans cet ouvrage.

JANET (**Dr Pierre**), *Professeur de Psychologie au Collège de France.* — **Les Névroses.**

Cet ouvrage présente un résumé rapide d'un grand nombre d'études que l'auteur a publiées depuis vingt ans sur la plupart des troubles névropathiques. — Un vol.

LE BON (**Dr Gustave**). — **Psychologie de l'Éducation.**

Ce livre a été écrit pour tous les membres de l'enseignement, et au moins autant pour les pères de famille, soucieux de l'avenir de leurs fils. — Un vol.

LE DANTEC (**Félix**). — **L'Athéisme.**

Voici, nous dit l'auteur, un livre de bonne foi; et, réellement, le ton de l'ouvrage est tel qu'on pourrait se demander, le plus souvent, si l'on est en présence d'un plaidoyer pour l'athéisme ou pour la nécessité d'une foi religieuse. — Un vol.

LICHTENBERGER (**Henri**), *Maître de Conférences à la Sorbonne.* — **L'Allemagne moderne. — Son Évolution.**

Dans cet ouvrage on a essayé de donner, en quatre livres, un tableau sommaire de l'évolution économique, politique, intellectuelle, artistique de l'Allemagne moderne. — Un vol.

MACH (**H.**), *Professeur à l'Université de Vienne.* — **La Connaissance et l'Erreur**, traduction du Dr **Dufour**, *Professeur à la Faculté de Nancy.*

M. Mach est un physicien dont la pensée a été fortement influencée par la théorie de l'évolution. Selon lui, le but de la science est de mettre de l'ordre dans les données sensibles, et de chercher avec toute *l'économie de pensée* possible les relations de dépendance qui existent entre nos sensations. — Un vol.

MAXWELL (**G.**), *Docteur en médecine, Substitut du Procureur général près la Cour d'appel de Paris.* — **Le Crime et la Société.**

M. Maxwell expose dans cet ouvrage les idées actuelles sur la nature et les causes de la criminalité qui lui paraît être un phénomène social normal. Il analyse l'acte criminel et son auteur dans les différentes variétés; la responsabilité pénale, l'aliéné criminel, la classification des criminels, l'évolution contemporaine de la criminalité politique, sont ensuite étudiés. — Un vol.

NAUDEAU (Ludovic). — Le Japon moderne, son Évolution.

L'auteur, capturé sur le champ de bataille de Moukden, par les vainqueurs, et amené par eux au Japon s'y attarda plus d'un an, car il sentait le désir intense de pénétrer leur mentalité. Aussi doit-on lire cet ouvrage si l'on veut connaître le Japon. — Un vol.

PICARD (Edmond), *Avocat à la Cour de Cassation de Belgique.* **— Le Droit pur.**

Ce livre est en quelque sorte un « Testament juridique », le legs d'un opulent patrimoine intellectuel accumulé au cours de l'existence prolongée de lutte et de travail du célèbre avocat et professeur à l'Université Nouvelle de Bruxelles. — Un vol.

REY (Abel), *Professeur agrégé de Philosophie.* **— La Philosophie moderne.**

Dans ce livre, l'auteur renouvelle les vieilles questions philosophiques de la matière et de la vie, de l'esprit et de la raison, du vrai et du bien, et les résultats déjà obtenus. — Un vol.

DERNIERS VOLUMES PARUS

GUIGNEBERT (Charles), *Chargé de Cours d'Histoire ancienne du Christianisme à la Faculté des Lettres de Paris.* **— L'Évolution des Dogmes.**

Dans cet ouvrage, l'auteur s'est proposé d'établir que tout dogme naît, se développe, se transforme, vieillit et meurt, ainsi qu'il arrive à tous les organismes de la nature; c'est en vain que les religions révélées poursuivent inlassablement le rêve de l'immobilité dogmatique.

GENNEP (A. van), *Directeur de la* « Revue des Études Ethnographiques ». **— La Formation des Légendes.**

Pour expliquer, avec des exemples intéressants à l'appui, comment naissent, voyagent et se modifient les légendes, M. van Gennep a examiné tour à tour les diverses formes de la littérature populaire : contes de fées, mythe d'Hercule, légendes napoléoniennes et impériales, etc. Puis, par une analyse pénétrante des œuvres célèbres qui ont pour héros Don Juan et Faust, il a montré comment les écrivains puisent dans le fonds populaire leurs matériaux pour ensuite les transformer. — Un vol.

www.ingramcontent.com/pod-product-compliance
Ingram Content Group UK Ltd.
Pitfield, Milton Keynes, MK11 3LW, UK
UKHW020129220726
13923UKWH00001B/72